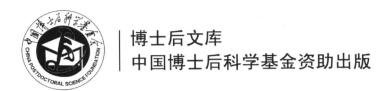

博士后文库
中国博士后科学基金资助出版

含铀废水微生物处理的
作用机理与群落结构特征

曾涛涛　著

科学出版社

北　京

内 容 简 介

　　本书在全面介绍含铀废水来源、处理方法、除铀微生物菌属及机理、相应的分子生物学研究进展的基础上,对铀尾矿区土壤中微生物群落结构进行系统解析,从中分离、富集出耐铀优势微生物菌群,进行含铀废水的处理;开展厌氧颗粒污泥、硫酸盐还原颗粒污泥处理酸性含铀废水的研究,分析其中微生物除铀机理及群落结构特征;分析生物硫铁中微生物除铀效果、作用机理与群落结构特征。这些研究成果可为含铀工业废水及酸性铀污染地下水的生物处理提供理论基础与技术借鉴。

　　本书可供市政工程、环境科学与工程、辐射与环境保护、矿业工程等学科的科研人员、工程技术人员与管理人员,以及高等院校相关专业的师生参考。

图书在版编目(CIP)数据

含铀废水微生物处理的作用机理与群落结构特征/曾涛涛著.—北京:科学出版社,2021.12
(博士后文库)
ISBN 978-7-03-070937-0

Ⅰ.① 含… Ⅱ.① 曾… Ⅲ.① 含铀废水-废水处理-研究　Ⅳ.① X703

中国版本图书馆 CIP 数据核字(2021)第 268469 号

责任编辑:杨光华　徐雁秋/责任校对:高　嵘
责任印制:张　伟/封面设计:陈　敬

科学出版社 出版
北京东黄城根北街 16 号
邮政编码:100717
http://www.sciencep.com
北京凌奇印刷有限责任公司 印刷
科学出版社发行　各地新华书店经销
*
开本:B5(720×1000)
2021 年 12 月第 一 版　　印张:10 3/4
2022 年 9 月第二次印刷　　字数:220 000
定价:88.00 元
(如有印装质量问题,我社负责调换)

《博士后文库》编委会名单

《博士后文库》序言

　　1985 年，在李政道先生的倡议和邓小平同志的亲自关怀下，我国建立了博士后制度，同时设立了博士后科学基金。30 多年来，在党和国家的高度重视下，在社会各方面的关心和支持下，博士后制度为我国培养了一大批青年高层次创新人才。在这一过程中，博士后科学基金发挥了不可替代的独特作用。

　　博士后科学基金是中国特色博士后制度的重要组成部分，专门用于资助博士后研究人员开展创新探索。博士后科学基金的资助，对正处于独立科研生涯起步阶段的博士后研究人员来说，适逢其时，有利于培养他们独立的科研人格、在选题方面的竞争意识及负责的精神，是他们独立从事科研工作的"第一桶金"。尽管博士后科学基金资助金额不大，但对博士后青年创新人才的培养和激励作用不可估量。四两拨千斤，博士后科学基金有效地推动了博士后研究人员迅速成长为高水平的研究人才，"小基金发挥了大作用"。

　　在博士后科学基金的资助下，博士后研究人员的优秀学术成果不断涌现。2013年，为提高博士后科学基金的资助效益，中国博士后科学基金会联合科学出版社开展了博士后优秀学术专著出版资助工作，通过专家评审遴选出优秀的博士后学术著作，收入《博士后文库》，由博士后科学基金资助、科学出版社出版。我们希望，借此打造专属于博士后学术创新的旗舰图书品牌，激励博士后研究人员潜心科研，扎实治学，提升博士后优秀学术成果的社会影响力。

　　2015 年，国务院办公厅印发了《关于改革完善博士后制度的意见》（国办发〔2015〕87 号），将"实施自然科学、人文社会科学优秀博士后论著出版支持计划"作为"十三五"期间博士后工作的重要内容和提升博士后研究人员培养质量的重要手段，这更加凸显了出版资助工作的意义。我相信，我们提供的这个出版资助平台将对博士后研究人员激发创新智慧、凝聚创新力量发挥独特的作用，促使博士后研究人员的创新成果更好地服务于创新驱动发展战略和创新型国家的建设。

　　祝愿广大博士后研究人员在博士后科学基金的资助下早日成长为栋梁之材，为实现中华民族伟大复兴的中国梦做出更大的贡献。

中国博士后科学基金会理事长

前　言

　　铀是核工业发展必需的战略物资。过去 60 余年，随着我国铀矿冶的发展，产生了铀矿冶开采废水、矿坑废水；铀浸出和回收等水冶过程也会产生相应的工业废水，对环境构成严重威胁。我国一般采用酸法浸铀，在铀尾矿中残余的强酸及溶解性铀会造成渗出水的 pH 呈酸性，铀的浓度可高达 20 mg/L，远超过国家标准对废水排放口处铀浓度的限值。铀具有化学毒性和放射性毒性，若进入地下水、河流、湖泊等水体，则有通过食物链进入人体的风险，会以内照射和化学毒性两种形式对人体器官造成损伤，诱发癌症甚至致死，危害极大。

　　酸性含铀废水处理是核环保领域重点关注的对象。在水体中，铀通常以六价铀[U(VI)]和四价铀[U(IV)]两种形式存在。U(IV)具有迁移性低、难溶、结构稳定的特点；而 U(VI)以铀酰离子（UO_2^{2+}）存在，易溶于水、迁移性强，容易造成危害。因此，含铀废水处理通常是对 U(VI)进行去除。传统的物理、化学处理方法有蒸发浓缩、化学沉淀、离子交换、吸附、膜技术等，具有成本高、容易产生二次污染等缺点。对铀污染水体进行微生物修复，具有绿色环保、节能降耗的优点，是核环境保护与生态安全重点支持的研究方向。目前通过耐酸、耐铀优势微生物对酸性含铀废水/地下水处理的除铀机理及微生物群落结构特征的研究较少，而这是酸性含铀废水生物处理的基础。

　　因此，我在博士后流动站工作期间，系统地研究了酸性含铀废水生物处理过程中微生物作用机理与群落组成、丰度、优势菌属及群落动态演变等特征，形成了较为系统丰富的研究成果，本书即是对这些成果的归纳与总结。全书共 7 章，第 1 章主要介绍含铀废水的来源及危害、含铀废水的处理、除铀微生物菌属及群落结构、微生物除铀机理、分子生物学技术在除铀微生物研究中的应用。第 2～4 章主要介绍铀尾矿区微生物群落结构特征，耐铀优势细菌分离、鉴定及耐铀复合菌群富集，并研究其对含铀废水处理的效果与机理。第 5～6 章重点介绍耐酸、耐铀厌氧颗粒污泥和硫酸盐还原颗粒污泥的除铀效果、微生物作用机理与群落结构特征。第 7 章介绍除铀生物硫铁中的微生物作用机理与群落结构特征。本书可为含铀废水/地下水生物处理与修复提供理论基础，也可为酸性矿山废水生物修复提供参考。

　　本书成稿过程中，博士后合作导师谢水波教授给予了大力支持。本书部分研究内容得到了廖伟、李利成、蒋小梅、鲁慧珍、马华龙等研究生的协助。章节整理过程中，胡青、张晓玲、农海杜、王亮钦、沙海超等研究生也参与了校稿工作。本书获得了中国博士后科学基金资助出版，同时本书的研究工作得到了国家自然科学基金项目（51408293、52170164、11475080）、中国博士后科学基金项目（2014M562114）、湖南省教育厅项目（14B154、19K081、19A421）、"水质生物处理技术"湖南省研究生优质课程（湘教通〔2019〕370 号文件-238）等项目及课程资助，以及南华大学的大力支持，特此一并感谢！

　　由于作者水平有限，书中难免存在疏漏之处，恳请广大同行与读者批评指正。

曾涛涛

2021 年 5 月

目　　录

第1章 绪 论

1.1 含铀废水的来源及危害

1.1.1 含铀废水的来源

铀（U），在元素周期表中位于第 92 位，它在自然界中以 ^{234}U、^{235}U、^{238}U 三种同位素状态存在。核工业的发展增加了对铀矿冶的需求，随之也产生了铀矿冶开采废水、矿坑废水、径流水等；铀浸出和回收等水冶过程也会产生相应的工艺废水。同时，在放射性同位素应用过程中会排放携带铀的废水，如核电站运行产生的含铀废水、乏燃料后处理过程产生的放射性废水、使用了放射性同位素的工厂废水、科研实验室废水等（黄瑶瑶 等，2018）。还有一些异常事故，如铀尾矿库发生泄漏、核原料加工厂或核电站（如福岛核电站）等发生灾难事故等，也会产生含铀废水。

自然界中铀大部分以六价铀 [U(VI)] 和四价铀 [U(IV)] 两种价态存在，其中 U(VI) 的存在形式主要有 UO_2^{2+}、$UO_2(OH)^+$、$(UO_2)CO_3$、$(UO_2)_3(OH)_5^+$ 等。放射性含铀废水的来源不同，其特性也会有差异。不同环节、不同地方产生的放射性废水不同，废水中放射性核素浓度、种类、酸度及其他共存离子都存在差异，还可能含有其他各种重金属（鲁慧珍，2016）。

含铀废水主要来源于铀矿山开采及铀矿加工过程，我国铀矿冶系统产生的辐射剂量占总辐射剂量的大部分（69%）（潘自强 等，1991）。铀矿的地浸、堆浸及铀尾矿中可能渗出铀，对地下水及附近地表水产生危害。铀质量浓度一般在 5 mg/L 以下，如果环境酸性较强时，坑道中渗出液的铀质量浓度可达 10～20 mg/L（陈华柏，2014）。如我国西南某地的一个退役铀矿，尾矿库渗出含铀废水质量浓度平均值曾达 12.17 mg/L，最高时达 16.80 mg/L（徐乐昌 等，2010）。而退役的铀尾矿在治理后可能存在"返酸"现象，使渗出水呈酸性（pH 为 4.0～4.5），铀质量浓度达 0.1～1.0 mg/L（李利成，2018）。

放射性重金属污染是核环保领域迫切需要解决的问题。放射性重金属具有半衰期长、毒性大、难以降解等特点，铀浓度一旦超过标准，将会产生严重后果，影响周围动植物生长及生态环境，严重影响人类生产生活。若水体被铀污染，铀可以通过饮用水或食物链等迁移扩散，若铀进入人体，对人体健康危害极大。表1.1 总结了不同来源放射性含铀废水的特点（骆枫 等，2019；黄瑶瑶 等，2018；王建龙 等，2013）。

表 1.1 不同来源放射性含铀废水的特点

工厂及设施	废水来源	废水特征
铀矿冶	天然铀加工过程废水	铀矿山开采，铀提取、精制、元件加工等过程中产生的含微量铀、钍、镭废水，危险性较小
	浓缩铀加工过程废水	废水的放射性活度大，危险性大
反应堆	反应堆冷却水	活化产物是由中子照射冷却水中的少量杂质产生，它的半衰期短且危险性小
	乏燃料储水池废水	储水池中的水一般不含放射性，但发生核燃料元件破损事故时，大量裂变产物泄漏到水池，造成污染
	燃料装卸冲洗废水	一般只含有极微量放射性物质
	研究反应堆及其他特殊反应堆废水	废水中可能含有不同类型的放射物质
后处理	乏燃料后处理过程废水	乏燃料经过化学处理后，会排放高浓度放射性废水，危险性很大
	放射性物质分离制造过程废水和研究过程废水	废水放射性浓度很高，危害很大，仅次于乏燃料后处理过程废水
医院	患者的排泄物废水	服用了放射性药品的患者，其药品大部分从患者排泄物中排出，排放在专用厕所废水中
	治疗室排水，研究过程排水	放射性活度不太高，但物质种类和化学形式较多
科研实验室	科研各部门实验室及试验厂排出废水	放射性活度不太高，但物质种类和化学形式较多
工厂	生产废水	一般放射性物质种类多，放射性活度很低

1.1.2　含铀废水的危害

放射性铀废水是危害最严重的工业废水之一，与一般重金属［铅（Pb）、铬（Cr）、镉（Cd）等］废水相比，它不仅具有化学毒性，还具有放射性毒性（邓冰 等，2010）。进入人体后的铀主要在肝、肾和骨骼等部位聚集，会以内照射和化学毒性两种形式对人体的器官造成损伤，严重情况下会诱发癌症，甚至致死。

1. 铀的化学毒性

铀与铅、铬一样，都是重金属，铀的化学毒性主要指其重金属毒性，铀可以通过呼吸道、皮肤组织或者消化道进入人体，易与人体内无机酸或有机酸形成配合物，造成人体组织功能受损，易导致人体肾小球细胞坏死与肾小管管壁萎缩，致使人体肾功能衰竭。进入人体的铀还会引起其他健康危害，如呼吸疾病、皮肤疾病、免疫功能下降、神经功能紊乱、染色体损伤、遗传毒性和生殖发育障碍等（邓冰 等，2010）。

2. 铀的放射性毒性

铀的半衰期较长，衰变过程伴随着 α、β、γ 三种类型射线，会对周围环境形成长时间的辐照，危害极大。铀的放射性对人体影响分为内照射和外照射两种（Maxwell et al.，2017）。放射性核素铀的内照射对人体损伤很大，其致癌作用比人们熟悉的致癌性重金属镍（Ni）和铅（Pb）更强，内照射危害主要来源于铀放出的 α 射线。铀是高传能线密度（linear energy transfer，LET）的 α 粒子辐射体，α 粒子的电离密度很大，在 1 μm 的机体组织内可产生 3 700～4 500 对离子，致伤集中（Russell et al.，1995）。铀的放射性还会造成遗传物质损伤，产生染色体畸变与基因突变，危害下一代甚至下几代。

含铀废水的危害还包括：影响矿区水质，对水泵、输水管道等设备产生腐蚀；造成农田土壤污染，危害农作物生长；若铀进入周围河流、湖泊、池塘等水体，导致水体恶化，危害饮用水安全；若铀进入食物链循环，对自然环境中各生物体产生严重危害（Ganesh et al.，2020；刘顺亮 等，2018）。我国内陆河流中天然铀的背景值约为 0.5 μg/L，相关标准规定排放的总 α 放射性最高允许限值为 1 B q/L（换算成天然铀浓度为 0.04 mg/L）（环境科学与工程系列丛书编委会，2003）。含铀废水中铀浓度常超过这个浓度，因此，对含铀废水必须进行适当处理以降低其危害。

1.2　含铀废水的处理

1.2.1　含铀废水的处理方法

在自然水体中，U(IV)可与无机碳形成配合物，其具有结构稳定、溶解度小、迁移性弱的特点。而 U(VI)在水体中以铀酰离子（UO_2^{2+}）存在，易溶于水，迁移性强，不容易去除，容易造成危害。因此，含铀废水处理通常是将 U(VI)吸附、固定或者还原成 U(IV)，降低其迁移性，达到铀污染控制的目的。含铀废水主要的处理方法有吸附、蒸发浓缩、化学沉淀、离子交换、膜技术及生物修复等，各方法工作原理及优缺点（黄瑶瑶 等，2018；鲁慧珍，2016；王建龙 等，2013；徐乐昌 等，2012）如表 1.2、表 1.3 所示。

表 1.2　处理含铀废水的方法及工作原理

处理方法	工作原理
吸附	通过具有比表面积大、多孔隙的吸附剂对含铀废水进行物理、化学吸附，将铀吸附固定在吸附剂上，从而达到处理含铀废水的目的
化学沉淀	在含铀废水中投加混凝剂、絮凝剂，将废水中的铀凝聚成沉淀；可将废水中悬浮颗粒凝结、聚集，再与放射性核素发生共沉淀作用
膜技术	不同膜具有选择性渗透作用，利用化学位差或外界压力作为推动力，使废水通过膜，但放射性核素被截留
蒸发浓缩	通过加热将含铀废水中的水分蒸发排走，将铀浓缩在残余液中，达到净化的目的
离子交换	在水溶液中，许多放射性核素以离子形式存在，特别是经过化学处理后的放射性废水。溶液中的铀酰离子先附着在离子交换剂表面的液膜上，然后通过扩散作用接触填充剂，进行离子交换
生物修复	利用植物或微生物，将污染环境中的放射性核素进行吸收、富集、还原、矿化等，去除放射性核素

表 1.3　含铀废水不同处理方法的优缺点与适用范围

处理方法	优点	缺点	适用范围
吸附	操作简单，除铀效果较好	一般吸附剂较难再生，容易产生固体废弃物；许多吸附剂成本高，不适合处理大量废水	许多吸附材料处于实验室研究阶段，与混凝沉淀组合使用效果更好

处理方法	优点	缺点	适用范围
蒸发浓缩	对铀的去污倍数高，不带来其他物质，不容易转移产生二次污染，理论及技术比较成熟	动力消耗大，成本高，存在结垢、爆炸和腐蚀等危险；浓缩液需要额外处理	适用于水量小、总固体浓度大、废水的放射性低的情况，不能用于挥发性放射性废水处理
化学沉淀	操作简单、技术成熟；可去除较多重金属，效果好	容易造成二次污染，沉淀处理后的产物需要二次处理，操作强度大	适用于水量变化大、水质复杂的含铀废水，可作为其他处理方法的预处理步骤
离子交换	对放射性核素去除效果高，处理废液可满足排放标准	成本高，处理量少，只能处理离子态、非碱性的放射性废水	适用于处理浊度小、含盐量低、成分简单的放射性废水
膜技术	应用范围广，对低浓度含铀废水处理效果好，操作易于自动化，运行稳定可靠	容易受到水温、pH 等环境因素影响，容易被污染，投资运行费用高	适用于水量较小情况，与其他工艺组合效果更好
生物修复	成本低廉，不产生二次污染物，节能环保	生物修复周期长，处理后的稳定性有待研究，技术需要完善	适用于低浓度含铀废水处理，是放射性废水处理的发展方向

　　各种处理方法都有各自的优缺点与适用范围，因此需要根据含铀废水的实际情况，综合考虑各方面影响因素，选取一种或几种方法组合对含铀废水进行处理。

1.2.2　含铀废水的生物处理技术

　　含铀废水的物理、化学处理方法技术较成熟，但存在成本高、易产生二次污染等问题。生物修复法利用耐铀植物、微生物的作用，具有节能环保、成本低廉的优势，是含铀废水处理与修复的主要发展方向。表 1.4 总结了可用于处理重金属污染的生物（鲁慧珍，2016；王建龙 等，2010）。

表 1.4　可用于处理重金属污染的生物

生物种类	名称	可处理的重金属	生物种类	名称	可处理的重金属
霉菌	根霉	Ag，Au，Cd，Cr，Pb	细菌	杆菌属	Cu，Zn
	黑根霉	Cd，Ni，Pb		芽孢杆菌	Au，U，Mn，Ni
	芽枝霉	Cu		氰基菌	Fe，Cr，Cu，Ni
	黑曲霉	Cd，Cu，Hg，Pb，Zn	褐藻	墨角藻	Ni，Pb，Cd
	黄青霉	Au，Cu		浮游马尾藻	Au，Cd，Ni，Pb
	毛壳霉	U		岩衣藻	Cd，Co，Ni，Pb，Au
	木霉	U	酵母	热假丝酵母	Cd，Cr，Ni，Zn
淡水藻	小球藻	Au		酿酒酵母	Au，Co，U，Zn，Th，Cu

　　生物修复主要有植物修复与微生物修复。前者可通过对重金属具有吸收、富集和沉淀作用的植物，来降低被污染区域的重金属含量，达到环境修复的目标。草本植物、藻类和木本植物等多种植物具有放射性核素富集、修复功能，例如：燕麦、芦苇、凤眼蓝、印度芥菜、豌豆、烟草、向日葵、莴苣、绿藻等。严政等（2012）研究了大藻和凤眼蓝处理含铀废水后的生理响应机制，发现凤眼蓝对铀的耐受能力要强于大藻，抗氧化酶、游离脯氨酸在铀胁迫下发挥作用。

　　微生物修复是指微生物通过自身细胞结构或利用生理代谢作用，以吸附、还原或细胞内富集等方式，将 U(VI)吸附、固定或还原为溶解度低的 U(IV)，完成对放射性废水的修复。Lovley 等（1991）首次发现某些细菌在厌氧环境中，可以通过发生酶触反应将 U(VI)还原为 U(IV)，由此开启了微生物处理铀污染的研究。此后，研究发现许多微生物具有 U(VI)还原、固定能力或修复效果，如脱硫弧菌属（*Desulfovibrio*）、硫还原地杆菌（*Geobacter sulfurreducens*）、希瓦氏菌属（*Shewanella*）、假单胞菌属（*Pseudomonas*）、柠檬酸杆菌属（*Citrobacter*）、梭状芽孢杆菌属（*Clostridium*）、郎伍德链霉菌（*Streptomyces longwoodensis*）、生枝动胶菌（*Zoogloea ramigera*）、纤维单胞菌属（*Cellulomonas*）、嗜热菌（*Thermophilic bacteria*）等（王国华 等，2019）。

　　表 1.5 总结了可以通过吸附作用处理含铀废水的微生物（张健 等，2018；张露 等，2017；鲁慧珍，2016；朱捷 等，2013）。

表 1.5　可处理铀污染的微生物

微生物种类	菌种	富集能力/（mg/g）	微生物种类	菌种	富集能力/（mg/g）
细菌	黏细菌	571	放线菌	柠檬酸杆菌	9 000
	铜绿假单胞菌	541		枯草芽孢杆菌	615
	腐败希瓦氏菌	400		节杆菌	600
	生枝动胶菌	400		链霉菌	440
真菌	根霉	180	酵母菌	啤酒酵母菌	172
	产黄青霉	170			

1.3　除铀微生物菌属及群落结构

1.3.1　除铀微生物菌属

国内外研究发现许多微生物能够将 U(VI)固定或还原。许多细菌、放线菌、真菌及藻类具有较强的吸附、还原铀的能力，如柠檬酸杆菌属（*Citrobacter*）、枯草芽孢杆菌（*Bacillus subtilis*）、节杆菌（*Arthrobacter*）、黏细菌（*Myxococcus xanthus*）、假单胞菌属（*Pseudomonas*）和生枝动胶菌（*Zoogloea ramigera*）等，都有很强的固铀功能（Williams et al.，2013）。

黄荣等（2015）发现枯草芽孢杆菌吸附 U(VI)的热力学更符合 Langmuir 等温模型，动力学过程更符合准二级动力学方程。彭国文等（2011）采用甲醛作为交联剂，将胱氨酸接枝到啤酒酵母菌上，并通过海藻酸钠和明胶固定，得到一种啤酒酵母菌生物材料。研究发现，与普通啤酒酵母菌相比，改性后的生物材料对铀的吸附量是未改性的 6.5 倍。夏良树等（2009）通过啤酒酵母菌-活性污泥协同，对 pH 为 5 的含铀废水吸附处理 1 h，除铀率即可达到 96.3%，表现出良好的铀富集效果。邓钦文等（2014）发现大肠杆菌 JM109 对低浓度酸性（pH 为 4.5）含铀废水去除效果良好。许发伦等（2013）从土壤中分离获得了黑霉科球孢枝孢（*C. sphaerospermum*），以此对铀进行吸附，发现 pH 对吸附有显著影响，最适宜 pH 为 5～9。

谢水波课题组系统研究了硫酸盐还原菌（sulfate reducing bacteria，SRB）对含 U(VI)废水的处理效果（刘岳林 等，2010），SRB 对 25 mg/L U(VI)的适宜还原条件是 35℃、初始 pH 为 7.0，温度是影响还原效果的主要因素。共存离子 Mo^{6+} 或 Ca^{2+} 对高浓度 U(VI)的还原过程均具有强烈的抑制作用，Mo^{6+} 的抑制机理是影响 SRB 的生理代谢功能，Ca^{2+} 则通过与 U(VI)结合形成稳定的 $Ca-UO_2-CO_3$ 络合物而抑制 U(VI)的还原过程；Cu^{2+} 对 SRB 的抑制作用比 Zn^{2+} 更强。SO_4^{2-} 在低浓度时对 SRB 还原 U(VI)效果不会产生抑制，但高浓度时抑制作用明显；NO_3^- 对 U(VI)还原效果的抑制作用明显。通过聚乙烯醇及海藻酸钠对 SRB 进行固定，固定后的 SRB 对酸性（pH 为 3.0～6.0）含铀废水具有较强耐受能力，且具有高效、稳定的 U(VI)还原/沉淀效果。零价铁（zero-valent iron，ZVI）可与 SRB 发挥协同还原 U(VI)的作用，但协同作用受温度影响，在 35℃以上时，几乎没有协同作用。驯化培养得到以 SRB 为优势菌属的硫酸盐还原颗粒污泥，其可在微氧条件（氧质量浓度为 0.6～1.0 mg/L）下高效处理含铀废水。U(VI)去除过程主要分为两步：前 30 min 具有较高的 U(VI)吸附效果；此后 U(VI)可被 SRB 还原沉淀。酰胺基、羧基、羟基、磷酸基等是与铀发生作用的官能团，同时 UO_2^{2+} 也可与 Na^+、Mg^{2+} 等金属离子发生离子交换，硫酸盐还原颗粒污泥表现出良好的铀固定效果（谢水波 等，2015a）。

杨杰等（2015）以耐辐射奇球菌（*Deinococcus radiodurans*）对含铀废水进行了批量吸附实验，发现细胞表面吸附上较多的含铀片状结晶，吸附除铀的机理包括离子交换、表面络合等。谢水波课题组研究了基因工程菌的除铀效果（任柏林 等，2010），通过单亲灭活原生质体技术融合柠檬酸杆菌和耐辐射奇球菌原生质体，实验发现增加溶菌酶浓度或酶解时间、提高温度，均可以促进原生质体的有效形成。融合体吸附除铀的效果高于柠檬酸杆菌，这为通过基因工程手段构建耐辐射工程菌提供了借鉴。梁颂军等（2010）将鼠伤寒沙门氏菌（*Salmonella typhimurium*）非特异性酸性磷酸酶基因 *phoN* 克隆到大肠杆菌中进行铀富集实验，发现基因工程菌富集铀的效果是宿主菌的 4 倍以上。

Sowmya 等（2014）对不动杆菌（*Acinetobacter* sp. YU-SS-SB-29）沉淀铀的作用进行了研究，发现细菌可产生磷酸有机酸，对不同浓度的铀均有良好的生物固定效果。Kazy 等（2009）对假单胞细菌固定铀的作用机理进行了研究，发现磷酸、羧基和酰胺等官能团可与铀形成结晶体，在细胞内封存，微观作用机制包括离子交换、络合、微量沉淀等。Icopini 等（2009）研究了 *Geobacter metallireducens* GS-15 及 *S. oneidensis* MR-1 对 U(VI)和钚[Pu(VI)]的还原效果，结果发现 *S. oneidensis* MR-1 对这两种放射性元素还原速率高于 *Geobacter metallireducens* GS-15。Appukuttan 等（2011）从伤寒沙门菌中将 *phoN* 基因克隆到 *D. radiodurans* 中，发现在 20 mmol/L 进水铀浓度的间歇实验中，冻干重组菌对铀的去除负荷可达 5.7 g/g 干细胞。Kulkarni 等（2013）将编码碱性磷酸酶基因 *phoK* 导入 *D. radiodurans* 中，当以 1 mmol/L 浓度铀进行实验时，发现该基因工程菌可在 2 h 内沉淀 90%的铀；在处理高浓度铀（10 mmol/L）的实验中，该工程菌对铀的去除负荷可达 10.7 g/g 干细胞。

1.3.2 耐铀微生物群落结构

在微生物菌群研究方面，Coral 等（2018）研究了铀污染土壤中微生物群落结构特征，发现其中存在较多的铀还原微生物，包括 *Sulfobacillus* sp.、*Leptospirillum* sp. 和 *Acidithiobacillus* sp. 等。Rastogi 等（2010）对美国铀尾矿区的微生物群落结构进行研究，发现优势菌主要有 Proteobacteria（46%）、Firmicutes（17%）和 Actinobacteria（13.5%）等微生物。而在德国的铀尾矿区域，研究者发现微生物种类以 Proteobacteria（25%～76%）、Acidobacteria（5%～43%）和 Bacteroidetes（3%～32%）等为主（Radeva et al.，2013），这些研究表明在不同地域的铀尾矿区，微生物群落结构组成及相对丰度有区别。Mondani 等（2011）研究高浓度铀污染土壤中微生物群落特征时发现，铁还原细菌如 *Geobacter* 和 *Geothrix* 存在较大的比例，另外还伴随存在铁氧化细菌 *Gallionella* 和 *Sideroxydans*。Xu 等（2010）在美国铀尾矿地域进行了中试规模的原位生物修复实验，结果发现其中存在较多的 *Desulfovibrio*、*Geobacter*、*Anaeromyxobacter* 和 *Shewanella* 等金属还原微生物，它们在铀污染生物修复中发挥重要作用；另外，微生物群落中还存在一些其他的细菌，如 *Rhodopseudomonas* 和 *Pseudomonas*。对环境因子作用的研究表明，地下水的 pH 及硫酸盐浓度与细菌丰度密切相关。Kumar 等（2013）利用扩增核糖体 DNA 限制性分析（amplified ribosomal DNA restriction analysis，ARDRA）技术对印度东北部某铀矿地域微生物多样性进行了分析，结果发现微生物菌属分布集中在厚壁菌门（Firmicutes）（51%）、γ-变形菌纲（Gammaproteobacteria）（26%）、放线菌门（Actinobacteria）（11%）、拟杆菌门（Bacteroidetes）（10%）和 β-变形菌纲（Betaproteobacteria）（2%）几个大类。这些研究表明，在铀污染地域中存在许多金属还原微生物或其他种类微生物，能够进行 U(VI)的固定及还原，从而降低铀污染程度。

朱捷等（2013）研究了某铀尾矿库的微生物种类及数量特征，与普通土壤相比，铀尾矿中微生物种类与分布明显受到影响，数量由多到少依次为细菌>放线菌>霉菌；在优势菌属鉴定方面，共分离出 12 株优势菌株，分属芽孢杆菌属（*Bacillus*）、肠杆菌属（*Enterobacter*）、节杆菌属（*Arthrobacter*）、短杆菌属（*Brevibacterium*）、类芽孢杆菌属（*Paenibacillus*）及玫瑰色考克氏菌属（*Kocuria rosea*）。Chen 等（2012）通过聚合酶链式反应变性梯度凝胶电泳（polymerase chain reaction-denaturing gradient gel electrophoresis，PCR-DGGE）和限制性片段长度多态性（restriction fragment length polymorphism，RFLP）方法，研究了新疆十红滩铀矿床区域的细菌及古细菌群落结构，发现细菌群落中 Firmicutes、γ-Proteobacteria 和 Actinobacteria 三类微生物为优势菌群，而古细菌的系统发育关系与 *Halobacteriaceae* 最为接近。

彭芳芳等（2013）采用常规稀释平板法和 Biolog-Eco 微平板反应系统研究了某铀尾矿区土壤微生物群落结构及功能多样性，结果发现不同土壤微生物群落间的代谢特征随着污染程度的变化而变化，主成分分析表明这种变化主要体现在碳水化合物上。以上微生物群落结构分析结果为铀污染生物修复提供了微生物理论基础。

1.4　微生物除铀机理

根据细胞代谢是否发挥作用可将微生物除铀机理分为两大类：非依赖代谢与依赖代谢。非依赖代谢方式包括配位、螯合、表面络合、微沉淀、离子交换等。死细胞也可以通过以上非依赖代谢方式共同作用对铀进行吸附固定。依赖代谢方式指依靠微生物代谢活动对铀进行吸附、还原及胞内积累。因为微生物细胞结构复杂，除铀也包含多种方式，除铀机理主要有生物还原、生物吸附、生物矿化与生物富集等方式。这些机理可以单独作用，也可以与其他机理共同作用，如图 1.1（Newsome et al.，2014）所示。

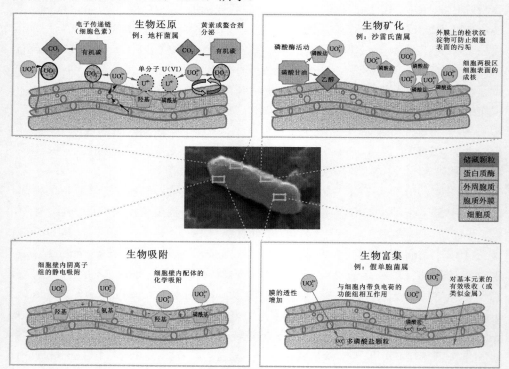

图 1.1　微生物与铀结合机理

1.4.1　生物还原

在铀的微生物还原方面，国外很早就开展了生物除铀机理方面的研究工作。Lovley 等（1991）最早发现铀的微生物还原现象，即 Fe(III) 还原微生物在近中性 pH 环境下，能够以类似 Fe(III) 的还原方式将 U(VI) 作为替代的电子受体，从而使其还原成难溶性的 U(VI)。目前发现能够进行铀还原的微生物达 20 余种，常见的有硫酸盐还原菌（SRB）、铁还原菌（Fe(III)-reducing bacteria，FeRB）、硝酸盐还原菌（nitrate reducing bacteria，NRB）、嗜酸细菌、黏细菌及某些古细菌等（王国华 等，2019；张健 等，2018；张露 等，2017）。SRB 是一种典型的金属还原菌，可将 U(VI) 还原为不溶性 U(IV)，还可以将铀以硫化物形式沉淀下来，达到去除铀污染的目的（Zhang et al.，2017a）。Beyenal 等（2004）发现 SRB 固定 U(VI) 存在三种机制：细胞通过活性位点将 U(VI) 固定在细胞表面或通过正负电荷差异产生静电吸附；U(VI) 作为电子受体，通过电子传递链过程被 SRB 直接还原；SRB 通过酶促反应将 S_4^{2-} 还原成 S^{2-}，进而将 U(VI) 间接还原。

胡凯光等（2011）进行了零价铁-硫酸盐还原菌协同处理 U(VI) 废水的影响因素实验，发现在适宜 pH（6.0）条件下，24 h 内铀去除率可达 90.5%；溶液 pH、铀初始浓度和 SO_4^{2-} 浓度会影响铀的去除效果。谢水波等（2012）研究发现腐败希瓦氏菌（Shewanella putrefaciens）分解有机酸盐产生电子，以蒽醌-2-磺酸钠（anthraquinone-2-sulfonic acid sodium，AQS）作为电子穿梭载体，进行醌呼吸，高效还原 U(VI)。甲酸钠、乙酸钠、乳酸钠等也可作为碳源被奥奈达希瓦氏菌（Shewanella oneidensis MR-1）利用，高效还原 U(VI)（王永华 等，2014）。

另外有研究发现，U(VI) 的还原效率也与 U(VI) 的存在形态密切相关，还原速率最快的是 U(VI) 的氢氧化物与有机络合物，其次是 U(VI)-碳酸盐络合物，最慢的是 Ca-U(VI)-碳酸盐络合物。而羧酸盐、碳酸盐、磷酸盐可以与 U(IV) 配位结合形成非结晶态四价铀[NCU(IV)]（Stylo et al.，2013；Boyanov et al.，2011）。另外，腐殖质在土壤、水体中普遍存在，铀污染环境中腐殖质富含电子的位点越多，U(VI) 还原效率越高（Wang et al.，2019）。而无机碳酸盐或有机官能团也显著影响微生物介导的 U(VI) 还原产物的生成（Bhattacharyya et al.，2017）。

1.4.2　生物吸附

铀可与微生物细胞表面发生静电吸附或与细胞壁上的官能团（—COOH、—NH、

—OH、PO_4^{3-}、—SH 等）发生化学络合，实现对铀的吸附固定，该过程属于物理化学过程（李利成，2018）。生物吸附方式可能涉及离子交换、络合、静电相互作用、微沉淀等过程。有研究发现，不同微生物对铀的吸附容量在 45～615 mg/g 干细胞（Newsome et al.，2014a），而死细胞具有与活细胞相似甚至更高的吸附容量，且不受水中有毒物的限制，不要求提供营养物。枯草芽孢杆菌对铀的吸附也是被动吸附，但与一般死细胞不同的是，其细胞内过氧化程度会加重，细胞壁与细胞膜被破坏，大量代谢产物或胞外聚合物释放出来。这些产物与菌体表面的活性位点一并与铀酰离子发生络合、离子交换或沉淀矿化等作用，部分铀酰离子也可能直接快速穿透细胞壁膜进入细胞内（马佳林 等，2015）。研究发现干湿固化啤酒酵母（immobilized *Saccharomyces cerevisiae*，ISC）通过络合、静电吸引、氢键结合及离子交换作用对铀进行固定，效果较好。未全干的 ISC 比完全干燥的 ISC 对铀的吸附容量更大，原因是前者通过物理吸附作用对含铀溶液进行了预先富集，再对铀酰离子进行物理、化学方式的筛选分离（Wang et al.，2012）。

1.4.3　生物矿化

生物矿化是指生物利用溶液中的磷酸盐、碳酸盐及氢氧化物等，与铀发生化学反应，形成难溶的沉淀，达到固定铀的目的（谭文发 等，2015）。研究发现，在铀污染地下水中许多微生物可以通过生物矿化作用进行铀的固定，从而有效地降低铀的迁移危害，这些微生物包括 *Rahnella*、*Bacillus* 和 *Aeromonas* 等（Shelobolina et al.，2009）。一些通过基因工程手段构建的工程菌也能通过磷酸基团进行铀的生物矿化，如 *Deinococcus radiodurans*、添加碱性磷酸酶基因的工程菌 *Pseudomonas veronii* 和 *Pseudomonas rhodesiae*（Powers et al.，2002）。但通过生物矿化作用，细胞壁上会形成铀沉积物，这容易影响微生物细胞的其他代谢活动。

Ray 等（2011）从铀污染沉积物中分离出微生物菌株，研究了其在 pH 为 7.0、厌氧环境下对铀的固定，发现固定后除形成四价铀晶相结构外，还存在部分磷酸铀酰固相结晶，说明该菌株可以将 U(VI)还原，也伴随有磷酸盐释放，与铀结合形成磷酸铀酰沉淀。Handley-Sidhu 等（2014）研究发现，甘油磷酸可被沙雷氏菌矿化生成磷酸钙盐纳米颗粒，这些纳米颗粒对铀等放射性核素具有固定效果，从而对铀污染地下水具有良好的修复效果。Salome 等（2013）研究了外加电子供体与磷酸矿物对微生物厌氧固铀方式的影响，在弱酸及中性（pH 为 5.5 和 7.0）条件下，磷酸盐与铀酰离子按相同比例结合，形成了磷酸铀酰类物质

[HUO_2PO_4、$Ca(UO_2)_2(PO_4)_2$ 和 $H_2(UO_2)_2(PO_4)_2$],这表明在该体系中微生物除铀的主要作用机理是矿化生成稳定的磷酸铀酰沉淀,且该方式对铀的去除效果比生物还原更显著。

1.4.4 生物富集

研究发现不同种类微生物耐铀能力不同,细菌代谢本身需要一些必需的金属元素,而当细胞摄入这些必需金属元素时,可能会"夹带"吸收铀,进而完成铀的生物富集。铀在生物体内的富集一般发生在生物吸附后期,即铀首先通过物理或化学作用被动地吸附在细胞表面,然后依靠能量代谢作用将铀富集在细胞内部。Kazy 等(2009)研究了假单胞菌固铀机制及相关的化学特性,结果发现磷酸基、羧基和酰胺基团可与铀发生作用,微沉淀是固铀的主要机制,铀被细胞富集在体内形成稠密的磷酸铀酰沉淀。另外也有研究发现,*Arthrobacter ilicis* 菌对铀有较强的生物富集能力(Suzuki et al.,2004)。

微生物去除铀的过程中,可能包含以上多种机理,现代检测技术与分子生物学技术的发展也为揭示微生物除铀机理及相应的微生物群落结构特征提供了便利。

1.5 分子生物学技术在除铀微生物研究中的应用

传统的菌种分离纯化是依靠培养技术来研究微生物,但可纯培养的微生物只占总微生物的 1%左右。分子生物学技术不依靠纯培养来研究系统中微生物群落特性,因而受到研究者青睐。这些分子生物学技术包括:分子探针技术[如荧光原位杂交(fluorescence in situ hybridization,FISH)、Southern 印迹杂交等]、DNA指纹技术[如 DNA 克隆测序、PCR-变性梯度凝胶电泳(PCR-DGGE)技术、末端限制性片段长度多态性(terminal restriction fragment length polymorphism,T-RFLP)等]、宏基因组(metagenomics)、基因芯片等。

1.5.1 变性梯度凝胶电泳技术

PCR-变性梯度凝胶电泳技术是一项基于 PCR 技术研究微生物群落结构的分子生物学方法,其基本原理是将 PCR 引物用富含 GC 序列修饰,再对目的基因进行 PCR 扩增。因为不同物种 DNA 中核苷酸序列组成不同,在变性梯度凝胶电泳时迁移率不同，经过一定时间电泳后在梯度凝胶上会彼此分开，以此来观察微生物群落多态性。凝胶上不同条带可代表不同微生物种类，条带数量可反映微生物多样性，结合测序分析，可以很好地反映微生物群落结构特征（曾涛涛 等，2014）。

Islam 等（2011a）通过变性凝胶电泳（denaturing gradient gel electrophoresis，DGGE）技术，研究了印度 Jaduguda 铀矿中微生物群落组成，其中优势菌群主要包括变形杆菌、放线菌和厚壁菌门细菌。此外，在分离的对铀和其他重金属有抗性的细菌中，一半以上为微杆菌、不动杆菌、假单胞菌和肠杆菌属。Mondani 等（2011）研究了铀污染及未污染土壤中微生物群落结构特性，DGGE 技术和 16S rRNA 基因分析表明，其中存在铁还原细菌，如 *Geobacter* 和 *Geothrix*。

胡大春（2013）采用 DGGE 技术调查了十红滩砂岩型铀矿不同矿带硫酸盐还原菌、氧化亚铁硫杆菌、氧化硫硫杆菌的多样性。DGGE 分析出矿带中与硫还原相关的细菌有 *Desulfotomaculum ruminis*、*Desulfosporosinus* sp.。参与硫还原的 SRB 分布情况与矿带的氧化还原分带特征一致，呈现出一定的生物地球化学分带特征。房琳（2012）研究了十红滩砂岩型铀矿床不同矿带中可培养的 SRB 数量、类群分布及其与铀矿形成之间的关系，结合 PCR-DGGE 技术对十红滩砂岩型铀矿床中的 SRB 进行进一步分离与测序鉴定，发现可培养 SRB 菌群种类主要归属于假单胞菌属、泛菌属、丛毛单胞菌属和脱硫芽孢弯曲菌属，其中假单胞菌属是砂岩型铀矿床中的优势菌群。Yan 等（2015）收集了我国东南地区某铀尾矿放射性污染数据，通过 DGGE 技术分析不同放射性浓度区的土壤样品，研究发现随着铀浓度降低，样品的总氮、磷、钾及酶的活性都有所增加，变形菌门是其中丰度最高的优势菌门，而沙雷氏菌属在变形菌门中为优势菌属。

1.5.2　末端限制性片段长度多态性

末端限制性片段长度多态性（T-RFLP）于 1997 年首先被报道，它是研究微生物群落结构的强有力方法之一。通过 PCR、DNA 限制性酶切、荧光标记和 DNA 测序等技术检测特定核酸片段长度多态性，反映微生物群落结构与功能特征。其主要步骤为准备 DNA 样品、选取 DNA 序列标记区段、PCR 扩增、选取合适的限制性内切酶进行序列切割、分析酶切图谱多态性。

在 T-RFLP 技术应用方面，Moon 等（2010）借助 T-RFLP 技术分析了 ^{57}Fe-针铁石及硫酸盐影响下铀污染地区微生物群落变化，发现 Fe(III)的增加对地杆菌型细菌数量没有显著影响，但抑制了硫酸盐的还原，导致 SRB 数量减少，进而影响了整个微生物群落组成。Green 等（2012）结合定量 PCR 技术、T-RFLP 技术及高通量测序技术分析了铀污染地区微生物群落结构变化，发现 pH 是影响地下铀污染区微生物群落结构特征及反硝化菌属的主要因素。McGuinness 等（2015）添加醋酸盐强化地下水中铀污染的生物修复，通过 T-RFLP 分析微生物群落结构，发现脱硫杆菌、SRB 两种活性菌在除铀过程中均发挥了重要作用。

1.5.3　宏基因组技术

宏基因组是一种基于高通量测序技术发展起来的研究环境微生物群落结构特性的分子生物技术，又称环境基因组（environmental genomics）。其基本思路为微生物宏基因组 DNA 提取，宏基因组文库构建、筛选、扩增和分析。

Yan 等（2016a）利用宏基因组技术研究了我国华南地区铀污染土壤中的微生物群落，发现放线菌、变形菌、锈色杆菌、小月菌和脂环酸芽孢杆菌均为铀污染土壤中的优势菌；与未污染土壤相比，功能微生物的氨基酸代谢能量减弱，碳水化合物代谢能量增强，膜转运能力提高，这些变化是微生物对高浓度铀适应的结果。White 等（1999）完成了耐辐射奇球菌 R1 全基因组测序，发现耐辐射奇球菌 R1 能够在铀环境中正常生存，其原因是在辐射条件下细菌体内产生对辐射敏感的突变基因，可以自动修复受损细胞。Prakash 等（2020）发现美国田纳西州橡树岭酸性高浓度铀污染场地中，罗河杆菌（*Rhodanobacter*）为其中优势菌，具有兼性厌氧与反硝化功能，这是微生物适应污染场地酸性高铀（1 mmol/L）环境的结果。

1.5.4　基因芯片技术

基因芯片也称 DNA 芯片，其原理是核酸互补杂交。先在固相基质上将基因探针以网络状密集排列，形成 DNA 微阵列；再将待测样品与 DNA 微阵列中的探针进行互补杂交；然后通过计算机对杂交情况进行检测，分析样品中包含的基因功能信息，并分析基因表达量及其特性（谢建平，2011）。华裔微生物生态学家周集中教授研发出一种高通量基因芯片 GeoChip，它包括了参与地球化学循环（如 C、N、S、P 等元素循环、金属抗性、有机物降解等）的微生物功能基因探针（He et al.，2012），被广泛应用于不同生境中微生物群落结构、功能及与生态系统相互作用等方面的分析。

吴唯民等（2011）对美国田纳西州橡树岭铀污染地下水进行原位微生物还原与固定试验，基于微阵列的基因芯片技术分析，在初始的 6 个月内地下水中铀浓度的降低与铁氧化菌的细胞色素 C 的含量及脱硫弧菌和土杆菌种群数量呈明显的正相关。当铀浓度降到较低水平后，地下水中的铀浓度不再与细胞色素 C 的含量相关。Liang 等（2012）通过 GeoChip 技术分析铀去除过程中微生物功能多样性，发现微生物功能基因可清楚反映原位氧化还原条件和优势微生物，并且可以进一步影响铀的生物还原。Van Nostrand 等（2011）应用基因芯片技术，发现增加电子供体刺激的微生物群落（FeRB、SRB 和 NRB）在降低铀污染及防止铀的再次氧化系统中起着重要的作用。He 等（2018）通过 GeoChip 技术研究美国田纳西州橡树岭铀污染地下水中微生物群落功能基因，发现随着铀污染程度增加，地下水中微生物功能基因的丰富度/多样性会整体下降，但特定的关键微生物含量会显著增加。

这些新发展的分子生物学技术能够在分子水平上揭示微生物群落结构动态演变及功能基因特征，有助于研究者了解环境中微生物生态功能、揭示微生物对铀的去除机理，为铀污染控制及生物修复提供理论基础与技术支撑。

1.6　本书的主要内容

随着我国核能源广泛开发利用，含铀废水也不断产生。铀具有放射性与重金属毒性双重危害，可以通过呼吸道、皮肤组织或消化道进入人体，致使肾功能衰竭、神经功能紊乱，诱发肺部癌变，造成遗传毒性和生殖发育障碍等。因此，含铀废水亟待处理，以降低其对周围生态环境安全与居民健康的潜在威胁。

与传统物理化学法（蒸发浓缩、化学沉淀、离子交换、吸附、膜技术等）相比，微生物处理具有成本低廉、节能环保的优势，成为含铀废水处理的研究热点。国内外研究发现 SRB、假单胞菌、芽孢杆菌、地杆菌、希瓦氏菌、肠杆菌、节杆菌等具有较好的固铀、除铀能力，因此可以借助上述微生物通过生物还原、生物吸附、生物矿化与生物富集等方式进行铀的去除或固定。微生物通常以群落形式存在，它们是含铀废水生物处理的基础。目前发展的分子生物学技术（如高通量测序等）为研究微生物群落结构特征提供了便利。在国内外已有研究的基础上，本书对含铀废水微生物处理的作用机理与群落结构特征进行系统研究，具体研究内容与思路如下。

绪论部分（第 1 章）系统介绍含铀废水的来源及危害，微生物处理技术及相应的功能微生物菌属，着重介绍生物除铀机理、微生物群落结构特征及其研究方法；而铀尾矿区土壤中存在多种微生物，通过高通量测序解析其中土著微生物群落结构特征，为含铀废水微生物处理提供基础信息（第 2 章）；在此基础上进行耐铀细菌分离、鉴定，考察它们对含铀废水的处理效果与作用机理（第 3 章）；同时通过富集，驯化出具有耐铀效果的微生物菌群，解析其微生物群落组成、持续性除铀效果与去除机理（第 4 章）。

厌氧颗粒污泥在重金属废水处理中有良好的效果，但其对含铀废水的处理却鲜有报道，对其中微生物群落结构特征的分析更是缺乏。因此本书以厌氧颗粒污泥为基础，探究其去除铀的效果、适宜环境条件、作用机理，并分析厌氧颗粒污泥的优势菌属组成，研究其中功能菌群的作用（第 5 章）。SRB 是一种典型的铀还原菌，在第 5 章厌氧颗粒污泥基础上，富集出以 SRB 为优势菌的硫酸盐还原颗粒污泥，探讨其除铀效果、作用机理与微生物群落结构特征（第 6 章）。而 SRB 可以利用底物中的铁合成纳米硫化铁（FeS），FeS 对重金属有良好的吸附作用，因此以景观池底厌氧污泥为基础，制备出生物硫铁复合材料(微生物与 FeS 联合)，探讨其去除铀的效果、作用机理与微生物群落结构特征（第 7 章）。

第2章 铀尾矿区微生物群落结构特征

铀尾矿指铀矿开采、加工过程中形成的残余废渣及其他放射性废渣处置场所，其中含有较高浓度铀及共存重金属，潜在污染及危害较大（张彪 等，2015）。铀尾矿的安全处置及修复，成为核环境保护领域重点关注方向。

低耗、节能、环保的微生物修复方法，被研究者广泛应用于铀污染控制与修复研究中（Hu et al.，2016）。研究发现希瓦氏菌（刘金香 等，2015）、SRB（谢水波 等，2015b）等微生物具有高效吸附、还原铀能力；耐辐射奇球菌也具有良好的耐辐射能力，可以用于铀污染的处理（肖方竹 等，2016）。铀尾矿原位生物修复的关键是发挥土著微生物作用，因此对其中群落结构分析尤为重要，以便从中分离出耐铀微生物（Sanchez-Castro et al.，2017；Yan et al.，2016a）。王丽超等（2014）用常规微生物活性评价法探究铀尾矿区土壤微生物活性，采用 Biolog 方法分析其中群落多样性特征。与普通土壤微生物特征对照发现，尾矿区微生物的生物量与可培养细菌数量显著下降，微生物活性也受到明显影响。彭芳芳等（2013）采用常规稀释平板法和 Biolog-Eco 微平板法对高、中、低污染区土壤微生物数量进行研究，随着放射性污染程度由高到低，微生物数量呈现细菌>真菌>放线菌特征。吴唯民等（2011）通过基因芯片技术研究了美国橡树岭铀污染地下水中功能微生物的特征，发现脱硫弧菌、*Desulfosporosinus* spp.、厌氧黏细菌和土杆菌是与 U(VI) 还原相关的功能微生物。

已有研究表明，铀尾矿复杂环境中存在能够耐铀的微生物菌（群），它们是铀污染生物修复的关键，因此，分析铀尾矿区微生物群落结构，有助于发现其中耐铀的功能微生物。本章将采用高通量测序技术，对某铀尾矿区土壤中细菌、古菌群落结构进行解析（曾涛涛 等，2018a），以期为铀污染生物修复提供微生物学基础。

2.1 铀尾矿区微生物多样性与群落结构分析方法

2.1.1 土样采集

在我国南部某省铀尾矿库坝进行采样，刮去表层矿渣，在表层下面 20 cm 处，采集土壤样品 500 g，密封置于冰盒，带回实验室，保存于-20℃冷冻条件备用。

检测发现土壤密度为 1.03~1.05 g/cm³，含水率为 8.2%~9.0%，其中铀质量分数达 47~60 mg/kg，远超中国土壤环境背景值 2.8 mg/kg（魏复盛 等，1991）。另外，土壤样品还存在不同浓度的 Cd、Cu、Zn、Pb，均超过国家关于土壤环境质量的二级标准。

2.1.2 基因组 DNA 提取与 PCR 扩增

取铀尾矿土壤 1 g，通过磷酸盐缓冲液（phosphate buffer solution，PBS，pH=7.0）清洗三次后，通过 E.Z.N.A Soil DNA 试剂盒提取微生物总 DNA（曾涛涛 等，2016a）。采用通用引物 338F/806R 对细菌 16S rDNA 的 V3+V4 区片段进行 PCR 扩增（张恩华 等，2017），在 20 μL 反应体系中加入 TransStart® Fastpfu DNA 聚合酶，PCR 仪器设备为 ABI GeneAmp® 9700 型。PCR 扩增程序：首先 95 ℃变性 3 min；然后进入 27 个扩增循环，每个循环包括 95 ℃变性 30 s，55 ℃退火 30 s，72 ℃延伸 45 s 三个阶段；最后在 72 ℃终延伸 10 min。对古菌 16S rDNA 基因进行扩增的引物为 524F/Arch958R（Yang et al.，2014），操作条件同细菌 PCR 扩增，其中循环阶段进行 35 次。对每个样本设置 3 个重复，将 PCR 产物混合后通过 2% 琼脂糖凝胶电泳检测，并进行 PCR 产物切胶回收。

2.1.3 高通量测序与数据分析

高通量测序平台为 MiSeq PE 平台，测序所得到的原始序列进行质控，以序列间 0.97 的相似性划分操作分类单元（operational taxonomic units，OTU），进行 OTU 分析，绘制 Rank-Abundance 曲线。计算 Chao 指数、Ace 指数、Sobs 指数、Shannon 指数、Simpson 指数和 Coverage 等 Alpha 多样性指数，并绘制相应的稀疏曲线（曾涛涛 等，2016b）。在 Silva 数据库中进行 16S rRNA 基因序列比对，计算各菌属丰度，绘制相应的群落组成丰度图，并通过最大似然法构建系统发育树。

2.2 铀尾矿区微生物多样性分析

2.2.1 样本序列与 OTU 分析

细菌与古菌高通量测序结果质控后，分别获得 42 706 条和 34 346 条有效序列，结果如表 2.1 所示。细菌平均序列长度为 449 bp，其中在 441～460 bp 的序列有 40 171 条，占总序列的 94%；长度在 421～440 bp 的序列有 2 528 条，占总序列的比例约为 6%。古菌平均序列长度为 448 bp，其中 33 020 条序列长度在 441～460 bp，占总序列的 96%；在 461～480 bp 的序列有 240 条，而在 481～500 bp 的序列有 775 条。

表 2.1　细菌与古菌高通量测序结果

微生物	总序列数	平均序列长度/bp	441～460 bp 序列数	421～440 bp 序列数	461～480 bp 序列数	481～500 bp 序列数	OTU 数量
细菌	42 706	449	40 171	2 528	0	0	145
古菌	34 346	448	33 020	0	240	775	20

细菌的 OTU 数量为 145，远多于古菌的 OTU 数量（20），这说明古菌种类少，而细菌种类更多。统计每个 OTU 所含的序列数，并以此为纵坐标，并以 OTU 数量级为横坐标作图，得到 Rank-Abundance 曲线，结果如图 2.1 所示。

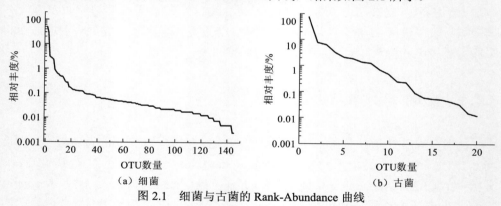

（a）细菌　　　　　　　　　　　　（b）古菌

图 2.1　细菌与古菌的 Rank-Abundance 曲线

Rank-Abundance 曲线在横轴上的范围越大，反映物种的丰度越高；曲线趋势越平缓，说明物种分布越均匀。由图 2.1 可知，与古菌相比，细菌的物种丰度和均匀度都要高，这说明铀尾矿中细菌数量与种类均多于古菌。

2.2.2　微生物 Alpha 多样性分析

微生物 Alpha 多样性指数结果如表 2.2 所示。Coverage 反映取样深度，细菌与古菌的 Coverage 分别为 0.999 95 与 1，说明样本中微生物序列未被测到的概率极低，很好地贴近样本的真实情况。Ace 指数、Chao 指数和 Sobs 指数均反映群落丰富度，且数值大小与丰富度呈正相关。结果显示细菌的 Ace 指数、Chao 指数和 Sobs 指数数值明显高于古菌，说明细菌的群落丰富度更高。Shannon 指数、Simpson 指数均可以反映微生物群落多样性，Shannon 指数数值与多样性正相关，而 Simpson 指数数值与多样性负相关。结果显示细菌的 Shannon 指数较大，Simpson 指数较小，说明铀尾矿中细菌的多样性比古菌的多样性高。

表 2.2　微生物 Alpha 多样性统计表

微生物	Coverage	Ace 指数	Chao 指数	Sobs 指数	Shannon 指数	Simpson 指数
细菌	0.999 95	145.4	145.1	145	1.79	0.33
古菌	1	20	20	20	1.09	0.56

　　从样本中随机抽取序列数为横坐标，分别以相应的 Coverage、Ace 指数、Chao 指数、Sobs 指数、Shannon 指数和 Simpson 指数为纵坐标，绘制出相应的稀疏图，结果如图 2.2 所示。Ace 指数、Chao 指数、Sobs 指数曲线代表丰富度，细菌和古菌的曲线很快趋向平坦，说明取样数量合理，能很好地反映取样深度。多样性稀疏分析图中序列数量达到或接近饱和，表明获得的细菌与古菌的序列信息能很好地反映微生物多样性。

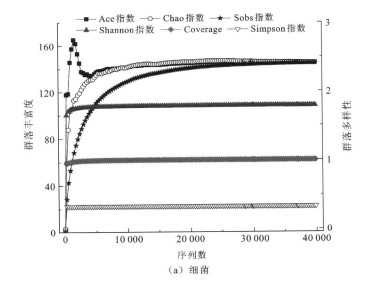

（a）细菌

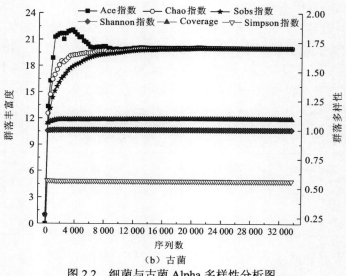

（b）古菌

图 2.2　细菌与古菌 Alpha 多样性分析图

2.3　细菌与古菌群落结构特征

2.3.1　细菌与古菌群落结构组成

统计细菌和古菌在属（genus）水平上物种组成、丰度及对应序列数量，结果如图 2.3 所示。用"Others"表示所占比例小于 0.5% 的物种之和。从图 2.3（a）可知，细菌菌属相对丰度由大到小分别为 *Bacillus*（49.6%）、*Lactococcus*（31.9%）、*Carnobacterium*（3.14%）、*Streptococcus*（2.87%）、*Enterococcus*（2.58%）、*Caulobacter*（0.89%）、Comamonadaceae（0.83%）、*Pseudomonas*（0.72%）、*Enterobacter*（0.62%）和 *Cronobacter*（0.53%）。另外还存在一些低丰度序列（Others）及未明确分类序列（unclassified）。

Bacillus（芽孢杆菌）是铀尾矿土壤中第一大类优势菌属，已有研究发现它对铀具有良好的吸附效果。*Lactococcus*（乳球菌）是铀尾矿土壤中第二大类优势细菌。*Streptococcus*（链球菌）是土壤中另一类优势菌。*Caulobacter*（柄杆菌）、*Pseudomonas*（假单胞菌）、*Enterobacter*（肠杆菌）三种菌也是典型的耐铀细菌。

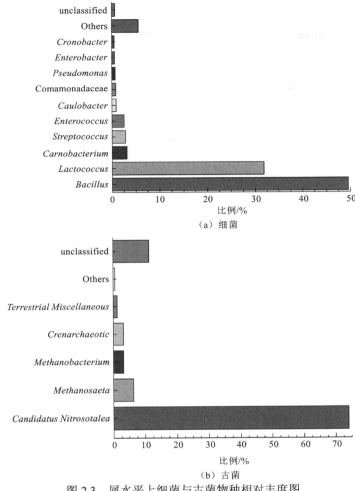

图 2.3 属水平上细菌与古菌物种相对丰度图

部分细菌未鉴定到属

马佳林等（2015）发现枯草芽孢杆菌对铀的吸附量可达 512.5 mg/g 干细胞，对铀去除率达到 98.03%，吸附过程可用 Freundlich 模型拟合，吸附机理以被动吸附为主，铀可与壁膜表面的活性位点配位并进入细胞内。司慧等（2017）研究发现，枯草芽孢杆菌可耐受初始质量浓度为 25～100 mg/L 的铀，细胞壁对铀的富集效果良好，占菌体总吸附量的 89%，且这些富集铀的价态未发生变化。Obeid 等（2016）研究发现，乳球菌细胞内的谷胱甘肽可以显著降低铀的毒性，谷胱甘肽中的羧基可以与 U(VI)螯合形成不溶性的复合物，使其能够在 10～150 μmol/L 铀摩尔浓度下生存。Mishra 等（2014）将乳酸链球菌（*Streptococcus lactis*）结合到纳米颗粒上并探究其对 U(VI)的吸附效果。结果发现：吸附剂形状对铀的吸附量有一定的影响，喷雾干燥的圆环状形态结构具有最大吸附量；在 10 min 内对铀总吸附≥85%±2%，在 25℃、pH 为 5.0 条件下，对 U(VI)的最大吸附量（q_{max}）达到 169.5 mg/g。Brzoska 等（2016）从酸性铀污染沉积物中分离获得柄杆菌（*Caulobacter* sp. OR37），与其他 3 种微生物（*Asinibacterium* sp. OR53、*Ralstonia* sp. OR214、*Rhodanobacter* sp. OR444）等比例混合后加入 200 μmol/L 含铀培养基，培养 30 周，发现此类微生物仍是其中的优势菌种。之前研究发现假单胞菌具有较好的铀吸附效果与耐铀能力（Choudhary et al.，2011），庞园涛等（2016）研究了十红滩铀矿中假单胞菌的多样性，经过生理生化实验及 16S rDNA 基因测序分析，其中可培养的假单胞菌主要为 *Pseudomonas stutzeri* 和 *Pseudomonas putida*；而经过 PCR-DGGE 分析，发现 *Pseudomonas stutzeri* 是铀矿床中优势假单胞菌。肠杆菌也曾在铀尾矿库中出现（朱捷 等，2013），有研究发现其可以通过产生胞外多聚物来降低铀的毒性（Nagaraj et al.，2016），另外，此菌属对其他重金属也有较好的耐受能力（Hacioglu et al.，2014）。从已有研究成果可知，铀尾矿中的优势菌属自身具有耐铀或者除铀的潜质。

还有 4 种菌（*Carnobacterium*、*Enterococcus*、Comamonadaceae 和 *Cronobacter*）此前未见在含铀环境中报道。*Carnobacterium* 为肉食杆菌属，是革兰氏阳性菌，无芽孢。*Enterococcus* 为肠球菌属，是革兰氏阳性菌，细胞呈球形或卵圆形，为兼性厌氧微生物。Comamonadaceae 和 *Cronobacter* 在文献中报道较少。本书通过高通量测序技术，发现了此前从未在铀尾矿中报道的菌属，验证了高通量测序是一种能够有效检测微生物多样性的分子生物学技术，可以深度挖掘非培养菌属的信息。

古菌菌属组成较简单[图 2.3（b）]，相对丰度由大到小分别为 *Candidatus Nitrosotalea*（74.03%）、*Methanosaeta*（6.37%）、*Methanobacterium*（3.25%）、*Crenarchaeotic*（3.23%）和 *Terrestrial Miscellaneous*（1.25%）。Others 统计比例之和为 0.58%，其他未知序列（unclassified）比例之和为 11.29%。*Candidatus Nitrosotalea* 为候选硝化古菌，周志成等（2015）在研究不同施肥方式对红壤蔬菜田氨氧化古菌群落影响中发现了此类菌，这类古菌在土壤氨氧化过程中也发挥着重要作用。*Methanosaeta* 为甲烷鬃菌，Somenahally 等（2013）研究了 Cr(VI)对微生物群落结构的影响，发现在高 Cr(VI)浓度下，*Methanosaeta* 受到抑制。*Methanobacterium* 为甲烷杆菌，易敏等（2017）研究发现 *Methanobacterium* 存在于处理造纸废水的颗粒污泥中，且当存在多种重金属时[Cr（32.3 mg/kg）、Mn（1850.2 mg/kg）、As（95.1 mg/kg）和 Zn（761.8 mg/kg）]，*Methanobacterium* 也具有较高的丰度（4.68%），这表明其对重金属毒性具有很好的耐受能力。

Crenarchaeotic 为泉古菌，有报道称其和 *Terrestrial Miscellaneous* 在海洋沉积物中存在（李涛 等，2008）。

此前对古菌存在于铀尾矿土壤中鲜有报道，本书发现它们在含铀放射性环境中也有存在。古菌的细胞结构与细菌显著不同，生理特性也有很大差异，绝大多数的古菌无法在实验室中纯化培养，因此，古菌在铀环境中的微生物生态功能、耐铀机理等有待后续深入研究。

2.3.2　细菌与古菌系统发育树分析

对相对丰度大于 0.5%的细菌与古菌，分别构建系统发育树，结果如图 2.4 所示。亲缘关系较近的分支较近，同源性相对低的分支较远，其中各菌属包含的序列数量也有所显示。由图 2.4（a）可知，细菌的系统发育树主要有两大支，表示铀尾矿土壤中优势菌属从系统发育上可分为两大簇。*Caulobacter*、Comamonadaceae、*Pseudomonas*、*Enterobacter* 和 *Cronobacter* 为同一簇，它们之间亲缘关系较近。这 5 种菌相对丰度较低，在 0.89%～0.53%。其中，*Enterobacter* 和 *Cronobacter* 在更细小的同一分支上，表示它们之间的亲缘关系更近。

另外一大簇包含 *Bacillus*、*Lactococcus*、*Carnobacterium*、*Streptococcus* 和 *Enterococcus*，它们相对丰度较大，所占比例为 49.6%～2.58%，在铀尾矿土壤中属于明显的优势菌属。其中，*Lactococcus* 和 *Streptococcus* 在同一个细小分支上，表示它们的亲缘关系更近。同样地，*Carnobacterium* 和 *Enterococcus* 亲缘关系也很近。

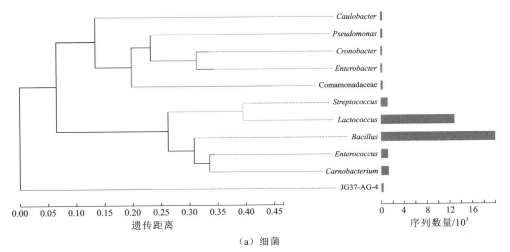

（a）细菌

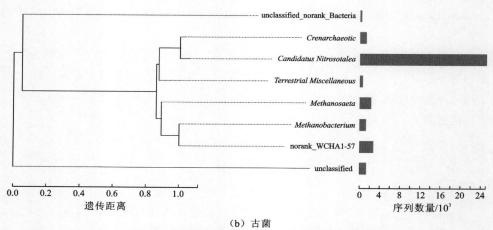

（b）古菌

图 2.4　基于高通量测序结果的铀尾矿细菌与古菌系统发育树

古菌的系统发育树也分成两大支，其中 *Candidatus Nitrosotalea*、*Crenarchaeotic* 和 *Terrestrial Miscellaneous* 为一簇，它们间亲缘关系较近，比例之和为78.51%。而 *Methanosaeta* 和 *Methanobacterium* 为同一簇，亲缘关系接近，它们都是甲烷菌，相对丰度之和为9.62%。由此可知，与细菌相比，古菌的系统发育树整体上更简单。

2.4　本 章 小 结

通过铀尾矿区土壤中的细菌与古菌高通量测序，分别获得了 42 706 条和 34 346 条有效序列。细菌的 OTU 数量（145）明显多于古菌（20），细菌的 Ace 指数、Chao 指数和 Sobs 指数也明显高于古菌，反映出细菌种类及群落丰富度要高很多。从 Shannon 指数与 Simpson 指数可知，铀尾矿中细菌群落多样性也高于古菌。

耐铀细菌菌属比例由大到小分别为 *Bacillus*（49.6%）、*Lactococcus*（31.9%）、*Carnobacterium*（3.14%）、*Streptococcus*（2.87%）、*Enterococcus*（2.58%）、*Caulobacter*（0.89%）、Comamonadaceae（0.83%）、*Pseudomonas*（0.72%）、*Enterobacter*（0.62%）和 *Cronobacter*（0.53%）。首次发现 *Carnobacterium*、*Enterococcus*、Comamonadaceae 和 *Cronobacter* 在铀尾矿土壤中存在。

古菌菌属种类较简单，按比例由大到小分别为 *Candidatus Nitrosotalea*（74.03%）、*Methanosaeta*（6.37%）、*Methanobacterium*（3.25%）、*Crenarchaeotic*（3.23%）和 *Terrestrial Miscellaneous*（1.25%）。此前尚未有以上古菌在铀尾矿土壤中的报道，其生态功能与耐铀机理有待后续研究。

第3章 耐铀细菌分离及除铀机理

已有研究发现一些微生物能够通过微生物作用将 U(VI)还原或固定。本章将从铀尾矿土壤中筛选分离出耐铀细菌，并从形态、生理生化特征及 16S rDNA 基因测序角度进行鉴定，确定耐铀细菌菌属（曾涛涛 等，2018a）；考察耐铀细菌处理低浓度含铀废水的效果，分析环境因素对铀去除效果的影响；检测除铀前后细菌蛋白质（磷酸酶）含量的变化，探讨含铀废水处理的微生物作用机理，为低浓度含铀废水生物处理提供借鉴。

3.1 耐铀细菌分离纯化

3.1.1 耐铀细菌分离纯化方法

1. 细菌分离纯化

取出保存的铀尾矿土壤，称取 10 g 加入 90 mL 无菌水的锥形瓶中，振荡 10 min，即得到稀释 10 倍的土壤溶液，记为 10^{-1} 土壤溶液。静置 5 min，吸取 1 mL 上清液注入含 9 mL 无菌水的试管中，记为 10^{-2} 土壤溶液。同样操作方式，依次稀释土壤溶液至 10^{-5}。吸取 0.2 mL 上清液于 LB 固体培养基上，在 30℃条件下培养 24 h。挑取平板上单个菌落，使用平板划线法反复提纯菌种。

2. 耐铀细菌筛选

经过 5 次划线分离，挑取平板上单菌落接种到 LB 液体培养基中，在 30℃条件下，以 150 r/min 振荡培养 24 h，将离心后获得的菌体加入铀浓度为 10 mg/L 的液体培养基中，在 150 r/min、30℃条件下振荡培养，测定不同时间点的菌悬液在 600 nm 波长下的吸光度（OD_{600}）和溶液中铀浓度。通过 OD_{600} 值判断细菌在含铀培养基中的生长情况，通过铀的去除效果判断细菌的耐铀效果。

3. 耐铀菌生理生化特性

观察耐铀细菌在固体培养基上菌落形态、大小、颜色，采用革兰氏染色法对细菌进行染色，观察其形态结构和大小。考察耐铀菌对氧、温度、pH 和碳源等生长因子的需求情况，绘制耐铀菌生长曲线。

4. 菌属分子生物学鉴定

选取除铀效果最好的 5 种菌，提取 16S rRNA 基因并进行克隆测序，通过序列比对进行耐铀细菌的菌属鉴定。细菌 DNA 提取按照基因组 DNA 提取试剂盒操作说明进行；16S rDNA 基因通过引物 27F/1492R 扩增，扩增程序为 98℃预变性 2 min，35 个扩增循环，包括 98℃变性 10 s、55℃退火 10 s、72℃延伸 20 s 三个阶段，在 72℃终延伸 10 min，最后保持在 4℃待用；对 PCR 扩增结果进行琼脂糖凝胶电泳分析，将 DNA 进行割胶回收及定量检测，在 ABI 3730XL 测序仪测序及拼接。将 5 个细菌测序结果提交到 GenBank 数据库，获得的登录号分别为 MF083942、MF083941、MF476206、MF476207 和 MF476208。在 NCBI 数据库中通过 BLAST 工具搜索相似序列，对所得结果通过 Mega 7 软件构建系统发育树（Kumar et al.，2016），根据 Neighbor-Joining 方法，比对序列 1 000 次，并计算进化距离，对耐铀细菌进行分子生物学鉴定（曾涛涛 等，2018a）。

3.1.2　耐铀细菌筛选结果

经过 5 次平板划线，平板上长出明显的单菌落，挑选其中 26 个单菌落，在 30℃条件下培养 24 h 后，它们对 10 mg/L 含铀溶液的铀去除效果如图 3.1 所示。

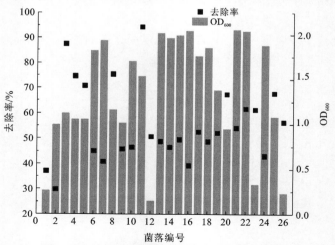

图 3.1　平板划线分离的菌落对铀的耐受性效果

从除铀效果中发现，铀去除率在 70% 以上的细菌有 5 种，将它们分别标记为细菌 A、细菌 B、细菌 C、细菌 D、细菌 E。挑选对应的单菌落，在 30℃ 环境中振荡培养 24 h 后，再以 10%（v/v）接种量接种到含铀浓度为 10 mg/L 的 LB 液体培养基中，在 150 r/min、30℃ 条件下振荡培养，分别测定培养 0.5 h、1 h、3 h、6 h、10 h、24 h 的铀去除率，确定细菌的耐铀效果，结果如图 3.2 所示。

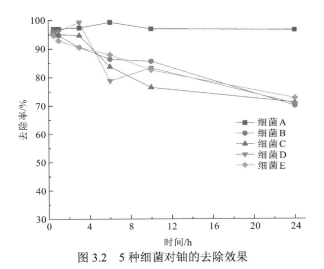

图 3.2　5 种细菌对铀的去除效果

5 种细菌在前 30 min 内，对铀去除率达到 94.7% 以上，在前 3 h 内对铀去除率均保持在 90.5% 以上。此后细菌 A 除铀率均保持在 96.6% 以上，细菌 B-细菌 E 除铀率逐渐下降到 70% 左右。推测这 5 种细菌在前 3 h 内以吸附作用为主；3 h 后细菌 B-细菌 E 除铀率下降，这可能是铀从细菌表面脱附。而细菌 A 具有稳定的铀去除效果，原因可能是除吸附作用外，还有其他的固铀机理。

3.1.3　耐铀细菌生理生化特征

细菌 A-细菌 E 革兰氏染色结果、生理生化特征如表 3.1 所示。5 种细菌均为革兰氏阴性细菌，形态为短链状、短杆状等，好氧，适宜 pH 为 6～8，适宜温度为 30～37℃，适宜碳源为葡萄糖、乳酸钠、甲醇等。

表 3.1　细菌 A—细菌 E 生理生化特征

细菌	革兰氏染色	形态	需氧	pH	温度/℃	碳源
A	阴性	短链状	好氧	6	30～37	葡萄糖、乳酸钠
B	阴性	球杆状	好氧	7	30～37	葡萄糖
C	阴性	短杆状	好氧	8	30～37	葡萄糖、乳酸钠
D	阴性	短杆状	好氧	7	30～37	甲醇、葡萄糖
E	阴性	短杆状	好氧	7	30～37	葡萄糖

通过对 5 种细菌的 OD_{600} 的测定，描绘出细菌的生长曲线，结果如图 3.3 所示。在液体培养基中，细菌 A 在 0～10 h 内 OD_{600} 变化很小，说明细菌生长缓慢，属于延滞期；在 10～30 h，OD_{600} 值快速增加，属于对数期；在 30～80 h，OD_{600} 维持稳定，属于稳定期。细菌 B、细菌 C、细菌 D 生长曲线类似，但延滞期时间较短（0～2 h）；2 h 后迅速生长，进入对数生长期一直到 30 h；30～80 h 生长速率变慢，但 OD_{600} 还是有小幅度增加，属于稳定期。

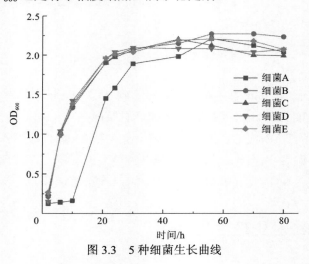

图 3.3　5 种细菌生长曲线

3.1.4　耐铀细菌分子生物学鉴定

将这 5 种细菌的 16S rDNA，通过 Blast 工具搜索相似序列，结果如表 3.2 所示。细菌 A、细菌 B 分别与 *Klebsiella* sp. NCCP-141（AB558500.1）和 *Acinetobacter johnsonii* strain SP171（JN409466.1）最相似，相似度均为 99%；细菌 C、细菌 D 均与 *Pseudomonas cedrina* strain Y37（JX113244.1）最相似，相似度为 99%；细菌 E 与 *Pseudomonas cedrina* strain-Y310（JX113239.1）最相似，相似度为 99%。由此可知，细菌 A、细菌 B 分别为 *Klebsiella* sp. 和 *Acinetobacter johnsonii* 菌属，而细菌 C、细菌 D、细菌 E 均属于 *Pseudomonas cedrina* 菌属。

表 3.2　耐铀菌 16S rDNA 序列相似性分析

细菌	细菌登录号	最相似菌属	最相似菌属登录号	相似度/%
A	MF083942	*Klebsiella* sp. NCCP-141	AB558500.1	99
B	MF083941	*Acinetobacter johnsonii* strain SP171	JN409466.1	99
C	MF476206	*Pseudomonas cedrina* strain Y37	JX113244.1	99
D	MF476207	*Pseudomonas cedrina* strain Y37	JX113244.1	99
E	MF476208	*Pseudomonas cedrina* strain-Y310	JX113239.1	99

将 5 种细菌及其相似菌属序列，通过 Mega 7 软件构建系统发育树，结果如图 3.4 所示。从系统发育树结果可知，细菌 A、细菌 C、细菌 D、细菌 E 在同一分支上，它们的进化关系较近。而细菌 B 与其他 4 种耐铀菌不在同一分支上，进化关系稍远。

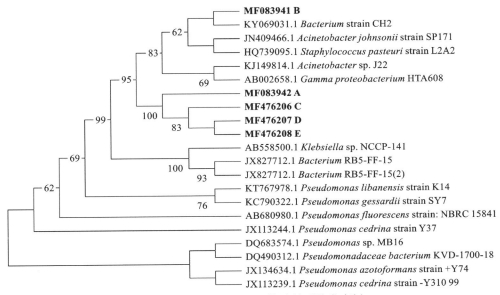

图 3.4　根据 16S rDNA 构建的系统发育树

　　Klebsiella sp.为克雷伯氏菌，属于固氮菌。庞园涛（2016）曾在十红滩铀矿床地下水与矿石中分离得到了此类细菌，它们与元素 N 的循环密切相关。*Acinetobacter johnsonii* 属于不动杆菌属。Islam 等（2016）研究了深地层铀矿细菌多样性、金属抗性与固铀能力，分离获得 *Acinetobacter*，发现它对 Ni、Zn、Cu 和 Hg 具有良好的抗性，且有较高的固铀能力，在 48 h 内除铀能力达 50 mg/g 干细胞。*Pseudomonas cedrina* 属于假单胞菌，目前已有许多报道发现它具有良好的铀去除能力（Choudhary et al.，2011）。结合之前除铀效果（图 3.2），表明这些细菌具有较好的铀尾矿生物修复潜力。

3.2　耐铀细菌除铀实验及效果

3.2.1　耐铀细菌除铀实验

　　选择细菌 A（*Klebsiella* sp.）、细菌 B（*Acinetobacter johnsonii*）和细菌 C（*Pseudomonas cedrina*），在各自最适 pH、温度条件下，以 10%（*v/v*）的接种量，考察不同铀初始浓度（4.8 mg/L、5.6 mg/L、7.2 mg/L）下三种细菌的除铀效果。U(VI)浓度采用 5-Br-PADAP 分光光度法测定，操作如下。

　　用电子天平准确称量 1.179 2 g U$_3$O$_8$，加入 100 mL 烧杯中，依次加入 10 mL HCl，2～5 mL H$_2$O$_2$，4～5 滴浓 HNO$_3$；盖上表面皿，平稳放置 3 min 并进行摇动；待剧烈反应停止后，用沙浴加热至其完全溶解，取下，待其冷却后移入 1 000 mL 容量瓶中定容，制备得到 1 g/L 铀标准溶液。

　　采用 5-Br-PADAP 分光光度测定铀浓度（李利成，2018），取待测样液 10 mL 加入 25 mL 容量瓶，依次加入 5 mL 混合掩蔽剂、1 滴 0.1%酚酞，滴加 1∶1 NH$_3$·H$_2$O 至容量瓶中溶液变红，滴加 1∶1 HCl 至容量瓶中溶液变无色，2 mL 缓冲液、6 mL 丙酮、1 mL 络合指示剂（0.05% 5-Br-PADAP 乙醇溶液）。用纯水稀释至刻度，定容摇匀，放置 45 min 后，于分光光度计上（波长 578 nm，以试剂空白为参比）测其吸光度。

　　以上用到的混合掩蔽剂等试剂配置方法如下。

　　（1）混合掩蔽剂：称取 25 g 1,2-环己二胺四乙酸（CYDTA）、5 g NaF，均加入 800 mL 超纯水中，继续加入 75 g 磺基水杨酸后，加 NaOH 溶液至 CYDTA 溶解，并用 HCl 和 NH$_3$·H$_2$O 将溶液 pH 调至 7.8，加超纯水稀释至 1 000 mL。

　　（2）0.1% 酚酞溶液：用乙醇溶解定容。

（3）缓冲溶液：量取 180 mL 三乙醇胺，加入 600 mL 水中。用 HCl 中和至 pH 为 7.8，加 4～5 g 活性炭后搅拌，放置过夜，然后过滤，将溶液 pH 调至 7.8，用超纯水稀释至 1 000 mL 摇匀备用。

（4）络合指示剂（0.05% 5-Br-PADAP 乙醇溶液）：量取 0.5 g Br-PADAP，加入 1 000 mL 无水乙醇溶解。

3.2.2 耐铀细菌除铀效果

细菌 A（*Klebsiella* sp.）、细菌 B（*Acinetobacter johnsonii*）和细菌 C（*Pseudomonas cedrina*）对 4.8 mg/L、5.6 mg/L、7.2 mg/L 的铀去除效果如图 3.5 所示。

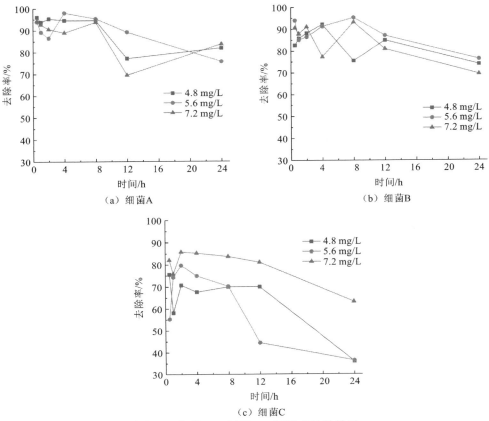

图 3.5 细菌 A、细菌 B、细菌 C 除铀效果

从图 3.5（a）可知，细菌 A（*Klebsiella* sp.）对 7.2 mg/L 初始浓度的铀，在 0.5 h 时去除率为 94.3%，此后到 4 h 缓慢下降到 89.0%，在 8 h 时去除率为 93.7%，整体而言前 8 h 去除率保持在较高的水平。此后去除率下降较明显，在 12 h、24 h 时去除率分别为 69.5%、83.7%。对于 4.8 mg/L 和 5.6 mg/L 初始浓度的铀去除情况类似，在 0~8 h 具有较高的去除率，8~24 h 有所下降。这说明细菌 A（*Klebsiella* sp.）处理 4.8~7.2 mg/L 的铀溶液，刚开始以吸附作用为主，此后脱附作用明显。但图 3.2 显示细菌 A 对 10 mg/L 初始浓度的铀去除效果一直很高，可能是细菌 A 对较高浓度铀的吸附作用更强。

细菌 B（*Acinetobacter johnsonii*）在 0~8 h 对 4.8~7.2 mg/L 初始浓度的铀去除效果与细菌 A 类似，存在波动情况，8~24 h 下降（但对于 4.8 mg/L 初始浓度的铀，去除率在 8~12 h 还有所上升），整体去除效果稍低于细菌 A。细菌 C（*Pseudomonas cedrina*）的情况类似，但对于 4.8~5.6 mg/L 初始浓度的铀，最终去除效果更低（约 36%），对 7.2 mg/L 初始浓度的铀，0~24 h 的去除效果与图 3.2 中对 10 mg/L 初始浓度的铀去除效果类似。

以上结果说明分离获得的 *Klebsiella* sp.、*Acinetobacter johnsonii* 和 *Pseudomonas cedrina* 对较高浓度铀去除效果更稳定。为了证实这种推测，选择铀初始浓度为 9.6 mg/L，观察三种细菌的除铀效果，结果如图 3.6 所示。

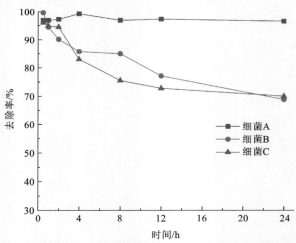

图 3.6　细菌 A、细菌 B、细菌 C 对 9.6 mg/L 铀去除效果

结果显示，前 30 min 内，*Klebsiella* sp.（细菌 A）对铀去除率为 96.9%，4 h 时对铀去除率达到最大（99.3%），此后除铀率均保持在 96.5% 以上。*Acinetobacter johnsonii*（细菌 B）、*Pseudomonas cedrina*（细菌 C）对 9.6 mg/L 初始浓度的铀和

10 mg/L 初始浓度的铀（图 3.2）的去除效果一致，在 0.5 h 时去除率分别为 99.6%
和 90.1%，在前 2 h 去除率分别在 90.2% 和 94.5% 以上，此后逐渐下降到 68.9% 和
70.0%。结合 *Acinetobacter johnsonii*、*Pseudomonas cedrina* 细菌对 10 mg/L 初始浓
度的铀去除效果更理想，推测吸附作用是它们除铀的主要方式。而 *Klebsiella* sp.
除了吸附作用，还有其他的除铀方式。选择 *Klebsiella* sp.、*Acinetobacter johnsonii*
进行后续除铀机理分析。

3.3　耐铀细菌除铀机理

3.3.1　耐铀细菌蛋白作用

1. 耐铀细菌可溶性蛋白测定

采用反复冻融+超声破碎法方法提取细菌蛋白。取生长到对数期的菌液
50 mL，4 ℃下以 4000 r/min 离心 15 min，弃去上清液，沉淀，加入 50 mL 浓度为
50 mmol/L PBS 缓冲液洗涤，如上同样离心后，沉淀，加入原菌液 1/4 体积的 PBS
缓冲液重悬，将菌液置于-80 ℃反复冻融三次，再进行超声破碎。超声破碎条件
为超声时间 2 s，间隙 4 s，总共超声 60 次，离心，收集上清液。

蛋白浓度采用考马斯亮蓝方法测定。取试管若干，各加入 1 mL 待测液体，
再加入 5 mL 考马斯亮蓝染液，将试管中的溶液混合均匀，室温静置 5 min 后，测
定溶液在 595 nm 下的吸光度值，以蒸馏水作为对照。

2. 耐铀细菌磷酸酶活性测定

采用磷酸苯二钠比色法测定碱性磷酸酶（alkaline phosphatase，ALP）活性，
其原理是磷酸苯二钠与 ALP 在碱性环境中发生相互作用，被水解成酚与磷酸。酚
在碱性溶液中与 4-氨基安替比林作用，铁氰化钾将其氧化形成红色醌类化合物，
其颜色深浅与 ALP 活性呈正比。操作过程为先置 0.05 g/mL 标准酚溶液，将其稀
释成不同浓度，绘制出标准曲线；然后将 0.1 mL 蛋白溶液加入测试管，加入 1 mL
碳酸盐缓冲液（0.1 mol/L，pH 为 10.0），37 ℃水浴 5 min；再加入 0.02 mol/L 磷
酸苯二钠底物溶液 1 mL，充分混匀后在 37 ℃条件下水浴 15 min；最后加入铁氰
化钾溶液终止反应。用蒸馏水调零，以未加蛋白溶液的试管作为对照组，测定实
验管与对照管在波长 510 nm 的吸光度，查标准曲线计算两者差值，得出酶活力单位。

在 37℃条件下，100 mL 蛋白溶液与底物作用 15 min，产生 1 mg 酚为 1 个金氏单位。

3. 耐铀细菌蛋白除铀作用分析

提取细菌 *Klebsiella* sp.和 *Acinetobacter johnsonii* 的可溶性蛋白，在与细菌除铀反应相同的温度、pH 条件下，在 9.6 g/L 铀溶液中反应 8 h，分析铀去除效果和蛋白含量变化情况，结果如表 3.3 所示。*Klebsiella* sp.细菌可溶性蛋白对铀的去除率达到 65.1%，同时蛋白质量浓度由除铀前的 54.5 μg/mL 降低到除铀后的 42.8 μg/mL。*Acinetobacter johnsonii* 总蛋白对铀的去除率为 62.5%，蛋白质量浓度由除铀前 50.3 μg/mL 变为除铀后的 40.0 μg/mL。由此可知，蛋白质量浓度的减小可能是由于某些蛋白与铀反应生成沉淀（Huynh et al.，2016）。

表 3.3　细菌除铀效率及除铀前后蛋白质量浓度

细菌	除铀率/%	除铀前蛋白质量浓度/（μg/mL）	除铀后蛋白质量浓度/（μg/mL）
Klebsiella sp.	65.1	54.5	42.8
Acinetobacter johnsonii	62.5	50.3	40.0

采用磷酸苯二钠比色法测定蛋白溶液中磷酸酶活性，将测定的金氏单位换算为国际单位来表示酶活性，即 1 金氏单位 =7.14 U/L，结果如表 3.4 所示。结果显示两种细菌在除铀后，磷酸酶活性均有提高。*Klebsiella* sp.的磷酸酶活性除铀前为 18.6 U/L，除铀后提高到 27.7 U/L；*Acinetobacter johnsonii* 的磷酸酶活性除铀前为 36.0 U/L，除铀后提高到 39.8 U/L。此前研究发现，在酸性和偏中性的环境中，磷酸酶的活性提高可促进铀酰矿物沉淀（Beazley et al.，2011；Renninger et al.，2004）。本实验结果与这些报道中磷酸酶活性变化一致，因此推测两种细菌的磷酸酶活性提高，与溶液中铀酰离子发生作用，促使磷酸铀酰沉淀形成，达到铀去除效果。

表 3.4　磷酸酶活性测量

细菌	除铀前磷酸酶活性/（U/L）	除铀后磷酸酶活性/（U/L）
Klebsiella sp.	18.6	27.7
Acinetobacter johnsonii	36.0	39.8

从以上分析可知，除铀前后 *Klebsiella* sp.可溶性蛋白质量浓度降低了 21.5%、磷酸酶活性升高了 48.9%；*Acinetobacter johnsonii* 在除铀前后蛋白质量浓度降低了 20.5%、磷酸酶活性升高了 10.6%。磷酸酶活性在 *Klebsiella* sp.中升幅更大，因此，推测磷酸酶在 *Klebsiella* sp.除铀中发挥更加重要的作用。

3.3.2　耐铀细菌微观结构特征

利用扫描电子显微镜与能谱仪（scanning electron microscope-energy dispersive spectrometer，SEM-EDS）对 *Klebsiella* sp.和 *Acinetobacter johnsonii* 两种细菌除铀前后的微观结构进行扫描观察。样品处理步骤为分别取 50 mL 除铀前、后细菌菌液进行离心，弃除上清液，向沉淀加入 50 mL 质量浓度为 2.5%的戊二醛，置于 4 ℃冰箱固定 4 h，再次离心弃除上清液，向沉淀加入 0.1 mol/L 磷酸缓冲液重悬 3 次，采用 30%、50%、70%、85%、90%的梯度浓度乙醇脱水各 1 次，再加入 100%乙醇 2 次，每次 15 min，离心去掉上清液后，加入乙酸异戊酯置换乙醇 2 次，每次 20 min，最后将样品置于-80 ℃冷冻 12 h，再通过冷冻真空干燥仪干燥 12 h，备用。

对除铀前后 *Klebsiella* sp.进行 SEM-EDS 分析，结果如图 3.7 所示。除铀前该细菌饱满，结构完整，表面平整，除铀后部分细菌表面出现线状附着痕迹，EDS 结果显示细菌表面出现明显的 U 峰（5.5%），说明铀在该细菌表面附着。

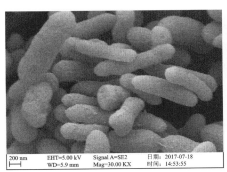
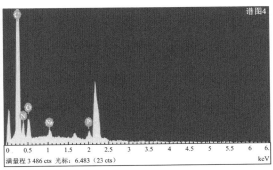

（a）除铀前

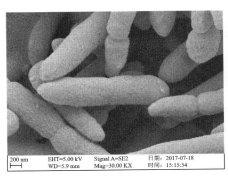
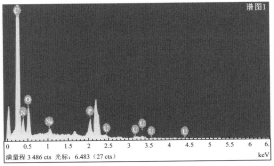

（b）除铀后

图 3.7　*Klebsiella* sp.除铀前后 SEM-EDS 结果

与 *Klebsiella* sp.相比，*Acinetobacter johnsonii* 在除铀前后的形态变化更为明显（图 3.8），除铀后细胞表面明显富集有较多沉淀物，EDS 分析证明其中铀占比更大（14.7%），因此也说明吸附作用在 *Acinetobacter johnsonii* 除铀过程中更重要。

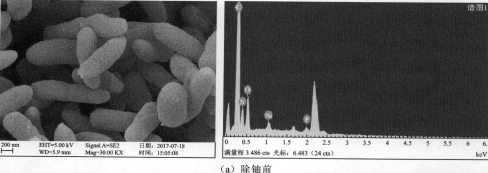

（a）除铀前

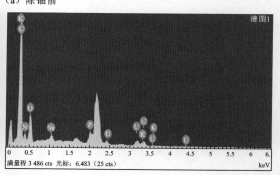

（b）除铀后

图 3.8　*Acinetobacter johnsonii* 除铀前后 SEM-EDS 结果

3.3.3　耐铀细菌官能团特征

采用傅里叶变换红外光谱（Fourier transform infrared spectrometer，FTIR）分析与铀相互作用的官能团。分别量取适量除铀前后的细菌菌液，加入 0.1 mol/L 磷酸缓冲液洗涤一次，于 8 000 r/min 离心 5 min，去除上清液，沉淀置于-50 ℃条件下冷冻 24 h，然后通过真空冷冻干燥机冷冻干燥 12 h，取 1～2 mg 试样与 200 mg 纯 KBr 研细均匀，在油压机上压成透明薄片，在 400～4 000 cm^{-1} 进行光谱扫描分析，结果如图 3.9、图 3.10 所示。

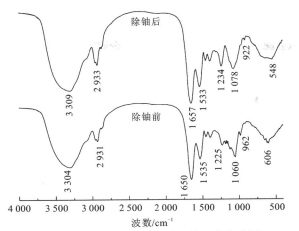

图 3.9　*Klebsiella* sp.除铀前后的红外光谱图

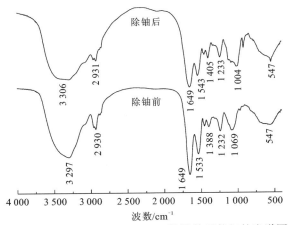

图 3.10　*Acinetobacter johnsonii* 除铀前后的红外光谱图

　　Klebsiella sp.的 FTIR 如图 3.9 所示，除铀前在 3 304 cm^{-1} 处的峰是氨基 N—H 伸缩振动峰，除铀后此峰位移到 3 309 cm^{-1}；除铀前在 2 931 cm^{-1} 为 C—H（包括 C—H$_2$、C—H$_3$）反对称伸缩振动峰，除铀后此峰移动到 2 933 cm^{-1}；除铀前 1 650 cm^{-1} 处为酰胺 I 带中的 C=O 伸缩振动峰，1 535 cm^{-1} 处为仲酰胺 N—H 弯曲振动和 C—N 伸缩振动峰，在波数为 1 225 cm^{-1} 和 1 060 cm^{-1} 处分别代表磷酸基和羧基。除铀后上述峰都发生些许位移，说明这些基团参与铀的反应（Kazy et al.，2002）。除铀后，在 922 cm^{-1} 出现新峰，代表铀酰基团的不对称拉伸振动峰，在之前也有类似报道，是铀酰离子和官能团络合作用产生的（Popa et al.，2003）。因此，FTIR 分析显示 *Klebsiella* sp.与铀相互作用的主要官能团有羧基、羟基、磷酸基团和氨基等。

Acinetobacter johnsonii 与铀反应后，FTIR 谱图（图 3.10）发生了一些变化，羟基、酰胺基等的吸收峰发生了不同程度的平移。除铀前较宽的 3 297 cm^{-1} 谱带为—OH 的伸缩振动峰，细菌除铀后，—OH 吸收峰向高波数平移了 9 cm^{-1}，且峰型变得钝化，表明羟基可能参与了铀的反应（刘明学 等，2011）。除铀前 2 930 cm^{-1} 处的吸收峰为蛋白质和脂类的—CH$_2$ 的对称、反对称伸缩振动峰，与铀反应后，该处吸收峰强度减弱，表明这些亲水脂分子以不同形式与铀发生了反应。蛋白质是细胞壁的主要成分之一，除铀前 1 649 cm^{-1} 为吸收峰为蛋白质上酰胺 I 带 C=O 键，酰胺 II 带特征峰为 1 533 cm^{-1}，是由仲酰胺的 N—H 键弯曲振动和 C—N 键伸缩振动引起（Li et al.，2018a）。除铀后，蛋白质的特征谱带峰形无太大变化，但峰强均减弱，说明蛋白质的酰胺基团与铀有相互作用。除铀前 1 388 cm^{-1} 处吸收峰由 COO—对称伸缩振动引起，除铀后移动到 1 405 cm^{-1}，表明羧基也与铀有相互作用。除铀前 1 069 cm^{-1} 处吸收峰可能为磷酸二酯基团的对称和反对称伸缩振动峰（杨杰 等，2015），除铀后峰变为 1 004 cm^{-1}，峰形变窄，推测峰位置和强度变化的原因是对应的官能团与铀生成了沉淀（Pan et al.，2015）。因此，推测 *Acinetobacter johnsonii* 的酰胺基、羟基、羧基和磷酸基团等与铀发生相互作用。

3.3.4　细菌除铀前后 XRD 分析

以 35 kV 和 35 mA 功率对除铀前后的细菌进行 X 射线衍射（X-ray diffraction，XRD）分析，扫描范围是 5°～80°，使用 Highscore 软件分析样品物相结构，结果如图 3.11、图 3.12 所示。

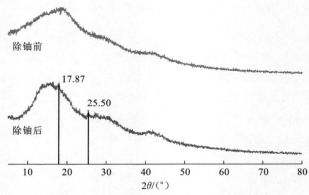

图 3.11　*Klebsiella* sp.除铀前后 XRD 结果

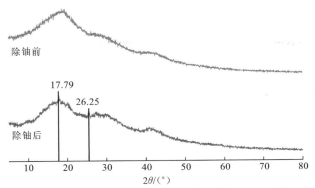

图 3.12　*Acinetobacter johnsonii* 除铀前后 XRD 结果

Klebsiella sp.除铀前的 XRD 图中，2θ 在 19° 有明显的主峰，在 29° 和 42° 附近有两个次峰；除铀后次峰更加明显，2θ 为 17.87° 和 25.50° 的位置，其对应间距值（D-spacing）分别为 4.96 Å 和 3.49 Å。利用 Highscore 软件与已知化合物的标准卡片（joint committee on powder diffraction standardas，JCPDS）比对间距值，发现对应的化合物分别为铀酰磷化氢水合物[$UO_2(H_2PO_2)_2 \cdot H_2O$]和铀酰磷酸水合物[$(UO_2)_3(PO_4)_2 \cdot 4H_2O$]。

Acinetobacter johnsonii 除铀前的 XRD 图（图 3.12）和 *Klebsiella* sp.比较类似。除铀后 2θ 为 17.79° 和 26.25° 处出现较明显的峰，发现它们对应间距值分别为 4.91 Å、3.39 Å。利用 Highscore 软件进行数据处理，与已知化合物的标准卡片（JCPDS）进行比对，发现这两个峰的对应物分别为铀酰磷酸水合物[$(UO_2)_3(PO_4)_2 \cdot 4H_2O$]和磷酸铀酰[$UO_2(PO_3)_2$]。之前有报道发现磷酸基团可与铀形成磷酸铀[$UO_2(PO_3)_2$]沉淀（Choudhary et al.，2011），本实验获得了类似结果。

综合机理分析结果，*Klebsiella* sp.与 *Acinetobacter johnsonii* 的吸附作用是重要的除铀机理，吸附作用在 *Acinetobacter johnsonii* 除铀过程中更为明显。氨基、羧基、羟基、磷酸基团等在铀去除中发挥重要作用。细菌磷酸酶参与铀的反应，促进铀酰磷酸沉淀的生成。

3.4　本 章 小 结

本章从某铀尾矿土壤中分离得到了 26 种细菌,进一步筛选出除铀效果较为明显的 5 种优势细菌。通过形态学鉴定、生长特性、生理生化特性及 16S rDNA 序列分析进行菌属鉴定，发现细菌 A 为克雷伯氏菌（*Klebsiella*），细菌 B 为不动杆菌（*Acinetobacter*），细菌 C、细菌 D、细菌 E 均为假单胞菌（*Pseudomonas*）。在 30℃、pH 为 7、10%（v/v）接种量下，克雷伯氏菌和不动杆菌细菌对铀的去除率在 8 h 内均能达到 90%以上。

总蛋白质量浓度分析表明，在铀去除过程中，克雷伯氏菌与不动杆菌的总蛋白质量浓度均有不同程度的降低，说明细菌的蛋白参与铀沉淀。而两种细菌的磷酸酶活性均有所提高，推测磷酸酶在除铀过程中发挥作用。

SEM-EDS 分析结果表明除铀前后细菌的表面结构发生明显的变化；FTIR 分析结果表明羧基、羟基、磷酸基团和 C＝O、C—N 等参与铀的反应；XRD 分析表明克雷伯氏菌与铀反应的产物为铀酰磷化氢水合物[$UO_2(H_2PO_2)_2 \cdot H_2O$]和铀酰磷酸水合物[$(UO_2)_3(PO_4)_2 \cdot 4H_2O$]，不动杆菌与铀反应后的产物为铀酰磷酸水合物[$(UO_2)_3(PO_4)_2 \cdot 4H_2O$]和磷酸铀酰[$UO_2(PO_3)_2$]。

第4章 耐铀复合菌群富集
及除铀效果与机理

在第 2 章中发现铀尾矿（库）土壤中存在较多微生物，有些菌属相对丰度较大，说明它们能够适应铀尾矿（库）复杂环境，具有良好的耐铀性。第 3 章从铀尾矿中分离、筛选出单一菌属，发现它们对含铀废水有着良好的处理效果。实际铀尾矿（库）废水处理中，通常是多种微生物菌属一起发挥除铀作用。因此，本章将以铀尾矿（库）中土著微生物为对象，筛选出具有耐铀效果的微生物菌群，并分析其除铀效果与机理。

4.1 耐铀微生物富集与菌群组成

4.1.1 耐铀微生物富集

铀尾矿土壤取自我国南部某退役铀尾矿附近，添加 2 g/L(NH$_4$)$_2$SO$_4$、0.5 g/L K$_2$HPO$_4$、0.5 g/L NaH$_2$PO$_4$、1.5 g/L MgSO$_4$、20 g/L 蛋白胨、0.1 g/L CaCl$_2$，配置液体培养基，调节 pH 为 7.0。称取 1 g 土壤，加入 100 mL 液体培养基，在摇床中设置 170 r/min、30 ℃条件进行培养，每隔 2 d 更换一次培养液（蒋小梅 等，2018）。经过 6 d 液体培养，从中吸取 1 mL 菌液进行平板涂布，之后在固体培养基上划线分离 4 次，结果如图 4.1 所示。

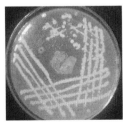

第1次　　　　　　　第2次　　　　　　　第3次　　　　　　　第4次

图 4.1 铀尾矿微生物富集结果

经过 4 次培养之后，微生物 1 d 内长出明显菌落，将培养基上所有菌落刮入 100 mL 培养液中，置于恒温振荡箱中，在 170 r/min、30 ℃条件下培养 96 h，测定细菌 OD_{600}，结果如图 4.2 所示。

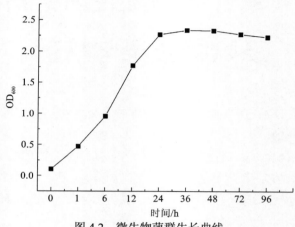

图 4.2　微生物菌群生长曲线

微生物菌群在 0～24 h 内快速增长，属于对数期。此后一直到 96 h，菌群属于稳定期。菌群在 6 h 时 OD_{600} 值接近 1，后续扩大培养时选择富集 6 h 的菌液进行。

在 30 ℃、初始 pH 为 7.0、U(VI)初始浓度为 2.4 mg/L 条件下，考察在微生物菌群作用下铀的去除效果，结果如图 4.3 所示。铀的去除率在 60 min 内快速上升，从 0 升高至接近 100%。在 60 min 后铀去除率达到平衡，保持在 100%左右；之后到 180 min，去除率下降幅度极小。这说明富集的微生物菌群对初始浓度为 2.4 mg/L 的铀具有高效吸附作用。

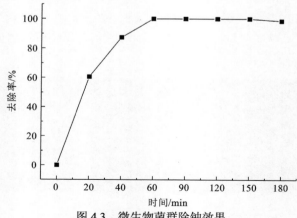

图 4.3　微生物菌群除铀效果

采用光学显微镜放大 1 000 倍,观察除铀前后微生物形态,结果如图 4.4 所示。微生物菌群形态主要为杆状,包括短圆杆状、杆状、长圆杆状等。除铀前细菌分散均匀,并且呈现鲜红色;除铀后细菌出现团聚现象,并呈黑紫色,推测出现黑紫色团聚现象的原因是微生物吸附了铀。

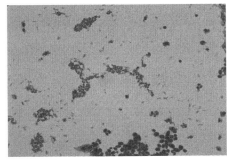

（a）除铀前　　　　　　　　　　　　（b）除铀后

图 4.4　微生物菌群显微镜检测结果

4.1.2　耐铀微生物菌群组成

对富集的微生物菌群通过 E.Z.N.A Soil DNA 试剂盒提取基因组 DNA,并通过浓度为 1%的琼脂糖凝胶电泳检测基因组 DNA 浓度,PCR 引物选用 341F/805R,扩增 16S rRNA 基因（Jia et al.,2015）。PCR 反应体系包括 10 ng 提取的基因组 DNA、0.5 μL 的 dNTPs（10 mmol/L）、0.5 μL 的 341F/805R 引物（50 μmol/L）、0.5 μL 的 DNA 聚合酶（5 U/μL）、5 μL 的 10×Buffer,之后添加超纯水至 50 μL。PCR 扩增条件:在 95 ℃下预变性 3 min;进行 25 次循环,每次循环包括 95 ℃、55 ℃和 72 ℃下各 30 s;72 ℃下延伸 5 min,10 ℃退火 5 min。

采用琼脂糖凝胶电泳验证 PCR 产物,并通过 DNA 凝胶回收试剂盒对其回收,再通过 Qubit 2.0 DNA 检测试剂盒对其精确定量,通过 Illumina MiSeq 测序平台进行高通量测序。之后将序列在 GenBank 数据库中与已知 16S rDNA 序列进行比较,确定菌属组成及相对丰度,结果如图 4.5 所示。

图 4.5 显示微生物菌群优势菌属主要有 4 种:*Citrobacter*、*Acinetobacter*、*Chryseobacterium*、*Enterobacter*。*Citrobacter* 为柠檬酸杆菌属,是微生物菌群中第一大类优势菌属,相对丰度为 51.58%。*Acinetobacter* 为不动杆菌属,相对丰度为 25.49%,为微生物菌群中第二大类优势菌属。不动杆菌为专性需氧的革兰氏阴性菌,第 3 章也发现其不动杆菌属具有良好的耐铀能力。*Chryseobacterium*

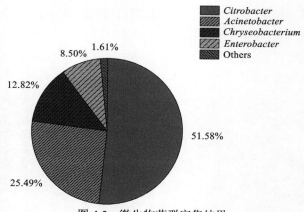

图 4.5　微生物菌群富集结果

为金黄杆菌属，在微生物菌群中相对丰度为 12.82%。*Enterobacter* 为肠杆菌属，在微生物菌群中相对丰度为 8.50%，它主要为兼性厌氧菌，具有良好的除 U(VI) 效果。

柠檬酸杆菌为兼性厌氧菌。刘小玲等（2015a）研究了其除铀效果与机理，在 pH 为 7.0，温度为 30 ℃时，柠檬酸杆菌对 10 mg/L 的 U(VI)去除率高达 94.5%；溶液 pH、温度、U(VI)初始浓度是铀去除效果的主要影响因素；柠檬酸杆菌与 U(VI) 的作用机理包括细胞基团、无机离子与 UO_2^{2+} 的交换作用及微生物矿化作用（刘小玲 等，2015b）。Xie 等（2008）证明了柠檬酸杆菌是可吸附铀离子的生物吸附剂，在前 30 min 内对 U(VI)的吸附非常迅速，随后吸附速率减慢。细胞壁中的羧基在此过程中起重要作用。Macaskie 等（2000）通过柠檬酸杆菌与磷酸酶活性释放的磷酸盐配体累积铀酰离子（UO_2^{2+}），通过 NH_4^+ 促进磷酸铀酰沉积的速率，使之形成 $NH_4UO_2PO_4$，具有比 $NaUO_2PO_4$ 更低的溶解度。Sowmya 等（2014）发现不动杆菌可通过产生有机酸溶解磷酸盐，促进 U(VI)的生物矿化沉淀。在耐铀厌氧颗粒污泥中，也发现不动杆菌为其中第二大优势菌种（曾涛涛 等，2016b）。Islam 等（2016）发现不动杆菌对地下铀矿中的 U(VI)具有螯合能力，除 U(VI)效果好，对其他重金属也有较强的抗性作用。Mumtaz 等（2013）发现金黄杆菌存在于铀污染土壤中，说明其对铀有一定的耐受能力。Chabalala 等（2010）等对从铀矿分离出的细菌进行 U(VI)去除实验，发现铀的还原大多在厌氧条件下发生，纯培养的肠杆菌属在 pH 为 5～6 时对铀具有高效还原效果。Islam 等（2011a）也发现肠杆菌是铀矿内微生物群落中的优势菌，具有对铀和其他重金属的耐受能力。通过这些文献可以发现富集的微生物菌群中各菌属对铀都有较好的耐受能力，因此有必要进一步研究其处理低浓度含铀废水的效果与机理。

4.2　微生物菌群除铀效果

取 5 mL 微生物菌液（OD$_{600}$=1），加入一定浓度 U(VI)溶液，在温度为 30 ℃、转速为 170 r/min 下振荡培养 6 h，考察初始 pH（5、6、7、8、9）、反应温度（20～40 ℃）、微生物菌群投加量（1～5 mL）、铀初始浓度（2.4～12.0 mg/L）对铀去除的影响。

4.2.1　pH 对 U(VI)去除的影响

初始 pH（5、6、7、8、9）对微生物菌群去除 U(VI)的影响如图 4.6 所示。整体上 U(VI)去除效果均在 90%以上；初始 pH 为 7 时去除率最高，为 96.88%，反映微生物菌群在较短时间（6 h）内即可完成大部分铀去除。因此，后续微生物菌群对铀的去除实验选择 pH 为 7。

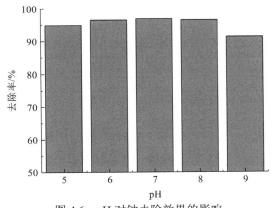

图 4.6　pH 对铀去除效果的影响

4.2.2　微生物菌群投加量对 U(VI)去除的影响

微生物菌群投加量（1～5 mL）对铀去除的影响如图 4.7 所示。整体上，U(VI)去除率在前 10 min 内快速增长，之后去除率缓慢增长直至达到平衡。说明微生物菌群对 U(VI)具有较好的吸附效果。最终去除率随着投加量的增加而增加，5 mL 投加量去除效果最好。因此，后续实验中微生物菌群投加量选择为 5 mL。

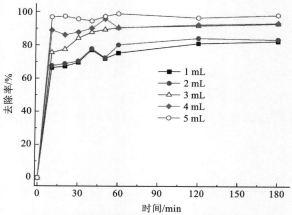

图 4.7　微生物菌群投加量对铀去除效果的影响

4.2.3　U(VI)初始浓度对 U(VI)去除的影响

U(VI)初始浓度为 2.4～12 mg/L 条件下，U(VI)去除效果如图 4.8 所示。不同初始浓度下，U(VI)去除率差别较大。U(VI)初始浓度为 2.4 mg/L、4.8 mg/L、7.2 mg/L 的 U(VI)去除率分别为 68.5%、85.8%、89.0%；U(VI)初始浓度为 9.6 mg/L 与 12 mg/L 时，U(VI)去除率最大，分别为 96.9% 与 96.5%。这说明微生物菌群对较高浓度的 U(VI)（9.6～12 mg/L）具有较好的去除能力。

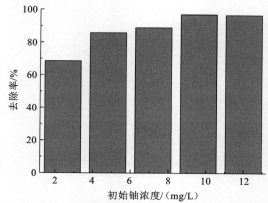

图 4.8　U(VI)初始浓度对微生物菌群去除 U(VI)的影响

4.2.4 温度对 U(VI)去除的影响

温度（20℃、30℃、40℃）对 U(VI)去除效果的影响如图 4.9 所示。微生物菌群在前 0.5 h 内可完成大部分 U(VI)的吸附去除，说明此微生物菌群对铀的吸附效果良好。三组实验中，30℃条件下铀去除效果最好，微生物菌群在 0.5 h 时对 U(VI)的去除率达到 98%，之后略有下降，但整体稳定。

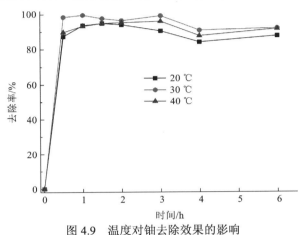

图 4.9 温度对铀去除效果的影响

综上，微生物菌群除铀的适宜条件为初始 pH 为 7、温度为 30℃、菌群投加量为 5 mL、铀初始浓度为 9.6 mg/L，在此基础上进行后续实验。

4.2.5 死细菌与活细菌除铀实验

取活化后的微生物菌液（$OD_{600}=1$），按 5%（v/v）加入初始浓度为 9.6 mg/L 的铀溶液中，调节初始 pH 为 7.0，在 30℃、170 r/min 下振荡 6 h。另外取等量的微生物，在 121℃高压灭菌锅中灭菌 20min，进行同样的除铀操作，考察高温灭活的死细菌与活细菌对 U(VI)的去除效果，结果如图 4.10 所示。

结果显示活细菌除铀效果从 0.5 h 时的 86.6%升高到 6 h 时的 96.9%，死细菌除铀效果从 0.5 h 时的 77.9%升高到 6 h 时的 85.4%。结果说明死细菌也具有一定的铀吸附效果，而活细菌整体比死细菌除铀率高 10%左右，因此活细菌除吸附作用外，可能还存在还原或其他除铀方式。为了更好地揭示微生物菌群的耐铀效果，在高铀浓度下测定微生物生长情况。

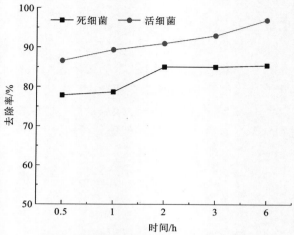

图 4.10　死细菌与活细菌对铀的去除效果

4.2.6　高浓度 U(VI)下微生物菌群生长情况

取活化后的微生物菌液（$OD_{600}=1$），按 5%（v/v）加入 0 mg/L、5 mg/L、20 mg/L、50 mg/L、80 mg/L、100 mg/L、120 mg/L 初始浓度的铀溶液中，调节初始 pH 为 7.0，在 30℃、170 r/min 下振荡 96 h，考察微生物菌群生长情况，结果如图 4.11 所示。

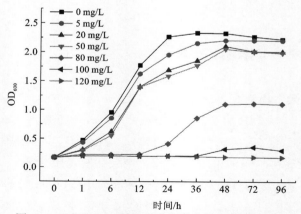

图 4.11　不同 U(VI)初始浓度下微生物菌群生长情况

与对照组相比（铀浓度为 0 mg/L），5～50 mg/L 铀浓度组的微生物菌群生长趋势与对照组一致，OD_{600} 值变化较小，0～12 h 属于快速增长期，12～48 h 增长速度减缓，48～96 h 属于稳定期。当铀浓度为 80 mg/L 时，微生物菌群生长明显受到抑制，0～12 h 几乎没有生长，12～48 h 时微生物缓慢生长，48 h 后进入稳定期。在 100～120 mg/L 的铀浓度下，微生物基本不能生长。因此，微生物菌群对 50 mg/L 的铀表现出良好的耐受性。

4.2.7　微生物菌群耐铀持续性

　　将 OD$_{600}$ 值为 1 的微生物菌群按 20%（v/v）接种到初始浓度为 4.8 mg/L 的含铀培养液中，定容至 500 mL。每隔 3 d（72 h）静置、慢速离心后，倒掉上清液，加入新鲜的 4.8 mg/L 含铀培养基，定义为 1 个周期。在最适条件（转速为 170 r/min、温度为 30℃、pH 为 7）下连续运行 8 个周期，测定 OD$_{600}$ 值以反映微生物生长情况，测定铀浓度以了解铀去除效果，结果如图 4.12 所示。

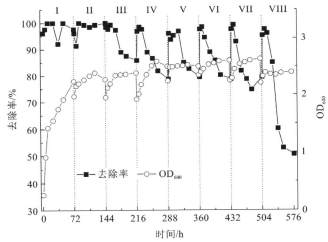

图 4.12　微生物菌群耐铀持续性分析结果

　　阶段 I、II 显示微生物菌群整体除铀效果较好，平均除铀率分别为 97.7% 和 97.8%。阶段 I 的 OD$_{600}$ 值在 0～12 h 快速增加，12～72 h 增速也较快，在阶段 II 达到稳定。此后每次更换培养基，OD$_{600}$ 值有一个缓慢增加的过程，但总体上维持较稳定的状态。从阶段 III 到阶段 VII，每次更换培养基后，在前 12 h 微生物菌群对铀的去除率均很高（>96%），12 h 后缓慢下降到各阶段末（72 h）的 80% 左右。但在第 VIII 个周期，除铀率从最初的 95.3% 快速下降到最后的 50.6%，说明微生物的耐铀效果受到明显影响。但微生物在前 7 个周期（0～21 d）内，表现出良好的耐铀效果，因此，整体上微生物菌群有较好的持续耐铀能力。

4.3　微生物菌群耐铀机理

4.3.1　耐铀微生物菌群微观结构特征

应用 SEM-EDS 分析除铀前后细菌的微观结构及元素组成，实验方法与 3.3.2 小节类似，结果如图 4.13 所示。除铀前微生物形态完整，以杆状、短杆状为主[图 4.13（a）]，除铀后细胞表面出现大量针状沉淀[图 4.13（b）]，推测铀被微生物吸附并形成沉淀。EDS 结果证实了这种推测，U 元素含量占 28.1%[图 4.13（c）]。因此，微生物菌群对 U(VI)具有较好的生物沉淀作用。

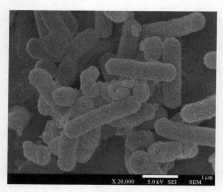

（a）除铀前SEM结果

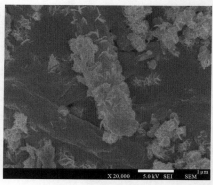

（b）除铀后SEM结果

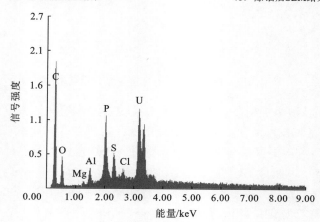

（c）除铀后EDS结果

图 4.13　微生物菌群除铀前后的 SEM-EDS 结果

4.3.2　耐铀微生物菌群官能团特征

通过 FTIR 分析除铀前后细菌的官能团特征，实验方法与 3.3.3 小节类似，结果如图 4.14 所示。

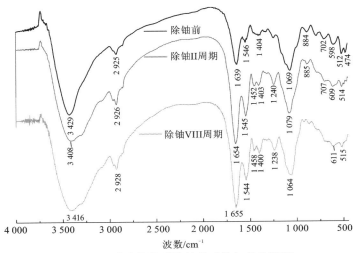

图 4.14　微生物菌群除铀前后的红外光谱图

与除 U(VI)前相比，除 U(VI)后微生物的 FTIR 峰图发生一些变化。$3\,200\sim$ $3\,600\ cm^{-1}$ 区域中的宽峰是由氨基（N—H）拉伸及羟基（—OH）振动引起的（Pagnanelli et al.，2000）。微生物菌群除 U(VI)后，吸收峰位置从除 U(VI)前的 $3\,429\ cm^{-1}$ 平移至除铀 II 周期的 $3\,408\ cm^{-1}$ 与除铀 VIII 周期的 $3\,416\ cm^{-1}$，且峰的相对强度增强，这表明氨基和羟基可与铀发生作用。$2\,900\sim3\,000\ cm^{-1}$ 的峰是由细胞壁中蛋白质、脂类的碳氢键（包括—CH_3、—CH_2 和—CH）的对称和反对称伸缩振动引起的（Li et al.，2014a），除 U(VI)后微生物菌群吸收峰位置从除 U(VI)前的 $2\,925\ cm^{-1}$ 平移至 $2\,926\ cm^{-1}$、$2\,928\ cm^{-1}$，移位幅度较小。在 $1\,639\ cm^{-1}$ 的吸收峰为酰胺基 C=O 伸缩振动引起的，除铀后平移至 $1\,654\ cm^{-1}$ 和 $1\,655\ cm^{-1}$。$1\,546\ cm^{-1}$ 处吸收峰为酰胺基的 N—H 弯曲振动引起的，除铀后移至 $1\,545\ cm^{-1}$ 和 $1\,544\ cm^{-1}$，这反映酰胺基的 C=O 和 N—H 可与铀发生相互作用。

羧基的红外光谱峰位于 $1\,400\sim1\,500\ cm^{-1}$，除铀前的吸收峰位置在 $1\,404\ cm^{-1}$，除铀后在 $1\,452\ cm^{-1}$ 和 $1\,458\ cm^{-1}$ 处，表明羧基在铀去除中发挥了重要作用（Pagnanelli et al.，2000）。在 $1\,000\sim1\,200\ cm^{-1}$ 的峰表示碳水化合物、醇类的 C—O、C—C、C—H 键及磷酸盐的 PO^{2-}、—$P(OH)_2$ 对称和非对称伸缩振动，除

铀后特征峰位置在 1 240 cm^{-1} 和 1 238 cm^{-1}，反映羧基和磷酸与铀发生相互作用（Zhang et al.，2006）。1 069 cm^{-1} 处特征峰可能由伯醇的 C—OH 伸缩振动或 P—O—C 伸缩振动引起，除铀后峰的位置移至 1 079 cm^{-1} 和 1 064 cm^{-1}，说明—OH 和 P—O 基团参与除铀过程。此外，还发现 800～400 cm^{-1} 有几个峰位置及强度发生变化，这是 M—O—M（M 代表金属离子）的耦合振动引起的（Jin et al.，2016）。

综上所述，微生物菌群发挥除铀作用的官能团有羧基、氨基、羟基、酰胺及磷酸基团。

4.3.3　微生物菌群除 U(VI)前后 XRD 分析

取除铀前、除铀 II 周期、除铀 VIII 周期的微生物菌群样品研磨成粉末，参考 3.3.4 小节所述方法进行 XRD 分析，结果如图 4.15 所示。微生物菌群除铀前后的 XRD 峰形整体没有明显变化，但通过软件分析发现，在除铀 II 周期样品中存在两种晶体，它们是磷铀矿[Ca(UO$_2$)$_3$[PO$_4$]$_2$(OH)$_2$·6H$_2$O]和钙砷铀云母[Ca(UO$_2$)(AsO$_4$)$_2$·10H$_2$O]。在除铀 VIII 周期样品中存在水铀矾[K$_4$(UO$_2$)$_6$(SO$_4$)$_3$(OH)$_{10}$·4H$_2$O]。因此，微生物菌群在连续处理低浓度（4.8 mg/L）含铀废水后，会有铀结晶沉淀生成。有研究表明不动杆菌（*Acinetobacter*）能够释放磷酸盐，通过生物矿化作用长期固定铀（Sowmya et al.，2014）；而本章富集的耐铀菌群里，*Acinetobacter* 是其中优势菌属，占比达到 25.49%，推测这种微生物通过生物矿化作用促进含铀沉淀的生成。

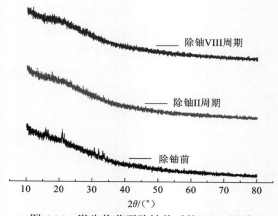

图 4.15　微生物菌群除铀前后的 XRD 图谱

4.4 本 章 小 结

从铀尾矿库选育的微生物菌群主要为长圆杆状和短圆杆状，主要由 *Citrobacter*、*Acinetobacter*、*Chryseobacterium*、*Enterobacter* 4 种菌属组成，相对丰度分别为 51.58%、25.49%、12.82% 和 8.50%。微生物菌群对铀去除效果良好，单因素实验发现微生物菌群除铀的适宜条件为初始 pH 为 7.0、温度为 30 ℃、U(VI) 初始浓度为 9.6 mg/L。

微生物菌群对初始浓度 50 mg/L 以下的铀有很好的耐受作用，生长不受影响；在 80 mg/L 含铀培养基中也能生长。微生物菌群接种到初始浓度为 4.8 mg/L 的含铀培养液后，在适宜条件（转速为 170 r/min、温度为 30 ℃、pH 为 7）下间歇培养，前 7 个周期（0～21 d）内表现出良好的除铀效果，具有较好的持续耐铀能力。

FTIR 结果显示，微生物菌群细胞中氨基、羟基、羧基、酰胺和磷酸基团在微生物除铀过程中发挥作用。XRD 显示，铀的沉淀物主要以磷铀矿 $[Ca(UO_2)_3[PO_4]_2(OH)_2 \cdot 6H_2O]$、钙砷铀云母 $[Ca(UO_2)(AsO_4)_2 \cdot 10H_2O]$、水铀矾 $[K_4(UO_2)_6(SO_4)_3(OH)_{10} \cdot 4H_2O]$ 等形式存在，说明微生物菌群除铀机理包括生物矿化作用。

第 5 章　厌氧颗粒污泥除铀效果
与群落结构特征

厌氧颗粒污泥是厌氧生物处理技术中常见的微生物存在形式，其比表面积大，微生物种类与数量多，沉降性能好，容易固液分离，在重金属废水处理中有良好的应用效果。本章将分析从某柠檬酸废水内循环（internal circulation，IC）厌氧反应塔中取回的厌氧颗粒污泥的粒径、微观形态等特征，并利用高通量测序技术解析其微生物菌群结构特征。此后应用厌氧颗粒污泥处理含 U(VI)废水，考察 U(VI)初始浓度、pH、颗粒污泥投加量、共存离子等因素对 U(VI)去除效果的影响。并分析除铀后厌氧颗粒污泥的微观结构、群落结构特征；通过对比分析除铀前后及在酸性 pH 下微生物菌群动态演变规律，确定功能菌属，以期为耐酸、耐铀厌氧颗粒污泥应用于含铀废水处理提供微生物学理论基础（曾涛涛 等，2016b）。

5.1　厌氧颗粒污泥特征与微生物群落结构

5.1.1　厌氧颗粒污泥性质

厌氧颗粒污泥取自某柠檬酸生产厂化工废水处理的内循环厌氧塔，取回后采用自制的培养基进行保存，培养基（单位 g/L）配方为：K_2HPO_4，0.5；Na_2SO_4，1.0；NH_4Cl，1.0；$MgSO_4 \cdot 7H_2O$，2.0；$CaCl_2 \cdot 2H_2O$，0.1；$FeSO_4 \cdot 4H_2O$，0.032；酵母浸出膏，0.3。

将厌氧颗粒污泥用蒸馏水清洗 3 次，通过数码相机拍摄颗粒污泥外观，与坐标纸刻度进行对照，观察其粒径分布，并统计粒径大小，结果如图 5.1 所示。厌氧颗粒污泥为深黑球状，呈明显的颗粒特征。粒径在 2.0~3.0 mm 的颗粒所占比例最多，达 37.9%；大部分粒径在 1.0~4.0 mm，所占比例为 74.4%；4~5 mm 的粒径最少，所占比例为 4.8%。

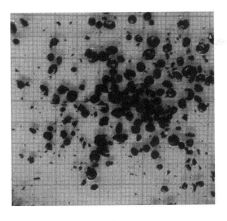
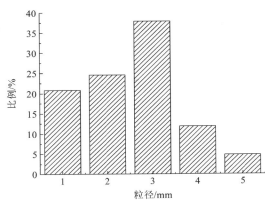

（a）外观　　　　　　　　　　　　（b）粒径分布

图 5.1　厌氧颗粒污泥外观与粒径分布

测定颗粒污泥的总悬浮固体（total suspended solid，TSS）、挥发性悬浮固体（volatile suspended solid，VSS），并计算 VSS/TSS 值，结果如表 5.1 所示。厌氧颗粒污泥的 TSS 为 0.081 g/g 湿污泥，而 VSS 为 0.05 g/g 湿污泥，计算出 VSS/TSS 为 0.617。其中，VSS/TSS 可用来衡量微生物在颗粒污泥中所占的比例，VSS/TSS 值越大，微生物所占比例就越高。所取的厌氧颗粒污泥中微生物所占比例较高，这可能与颗粒污泥独特的层状结构有关，可以供多种微生物栖息。

表 5.1　重量法测厌氧颗粒污泥浓度实验结果

参数	值	参数	值
泥样湿重/g	4.076	TSS/（g/g 湿污泥）	0.081
烘干后重量/g	0.332	VSS/（g/g 湿污泥）	0.050
灼烧后重量/g	0.129	VSS/TSS	0.617

5.1.2　厌氧颗粒污泥微观特征

厌氧颗粒污泥微观结构特征通过环境扫描电子显微镜（environmental scanning electron microscope，ESEM）进行观察。在 4℃、10 000 r/min 条件下将厌氧颗粒污泥离心 10 min，收集沉淀置于-80℃超低温冰箱冷冻 24 h，之后通过冷冻干燥机真空干燥 24 h。干燥后样品喷金 30 s，在 20 kV 加速电压下，通过 ESEM 放大适宜倍数，观察厌氧颗粒污泥微观结构，采用 X-射线能谱仪分析其元素组成，结果如图 5.2 所示。

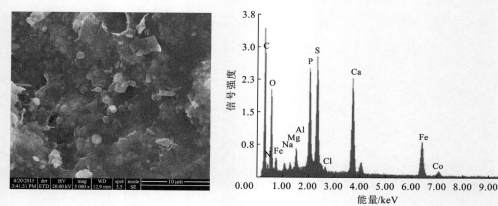

（a）微观形态结构 　　　　　　　　　　（b）元素组成

图 5.2　厌氧颗粒污泥微观形态结构与元素组成

厌氧颗粒污泥以球形菌为主，直径约 1 μm，存在少量的杆状菌。细胞表面形态光滑匀称，反映出厌氧颗粒污泥结构较好，对高浓度有机物具有较好的降解作用。与普通活性污泥相比，厌氧颗粒污泥更能适应复杂的工业废水环境。Tyupa 等（2015）研究了重金属 Ag 对活性污泥的毒害作用，发现颗粒污泥对重金属毒害作用的抗性能够提高 50%。通过能谱分析检测颗粒污泥中元素组成及比例［图 5.2（b）］，结果显示 C、O、N、P、S、Ca、Fe 这 7 种元素在 K 线系谱线下特征峰最明显，它们所占比例最高，质量比例之和达 97.01%。此外，厌氧颗粒污泥中含有少量微量元素 Mg 和 Co（曾涛涛 等，2016a）。

5.1.3　厌氧颗粒污泥微生物群落结构

1. 微生物多样性分析

利用高通量测序技术，分析厌氧颗粒污泥的微生物多样性与群落结构，其中 DNA 提取、PCR 扩增与 4.1.2 小节所述类似。将测序获得的序列进行质控（quality control，QC），去除不符合要求的引物序列、短片段及低质量序列，之后进行序列相似性分析，并划分操作分类单元（OTU，相似性大于 0.97）。采用软件 Uclust 计算微生物 Alpha 多样性指数，包括 Coverage、Shannon 指数、Ace 指数与 Chao 指数。

测序获得原始序列 10 392 条，质控后样本可用于分析的序列为 8 397 条，平均长度为 414 bp，具备较大的样本序列数量且平均长度合适，可很好地满足后续微生物多样性分析要求。根据测序结果，计算分析 OTU 数量、Coverage、Shannon 指数、Ace 指数、Chao 指数等，结果如表 5.2 所示。样本中随机抽取序列数为横坐标，分别以相应的 OTU 数量、Shannon 指数、Ace 指数、Chao 指数为纵坐标，绘制出丰富度稀疏曲线、Shannon 指数曲线、Ace 指数曲线与 Chao 指数曲线，结果如图 5.3 所示。

表 5.2　厌氧颗粒污泥微生物 Alpha 多样性统计

参数	值	参数	值
序列数量	8 397	Shannon 指数	4.376
OTU 数量	873	Ace 指数	3 415.51
Coverage	0.936	Chao 指数	2 246.51

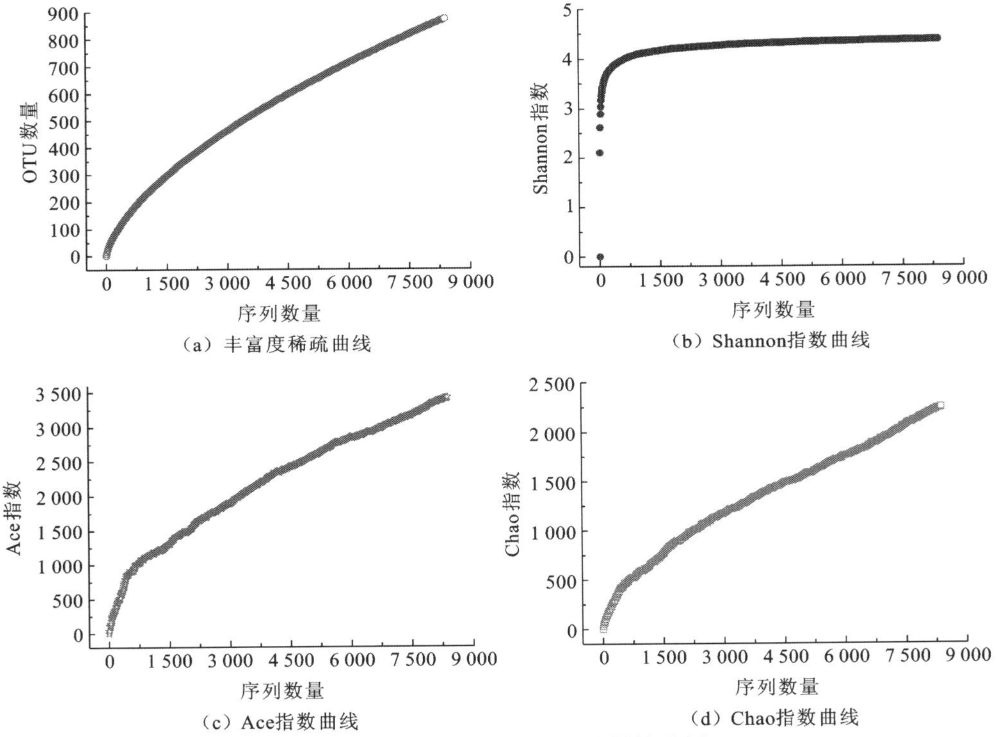

（a）丰富度稀疏曲线　　　　（b）Shannon指数曲线

（c）Ace指数曲线　　　　（d）Chao指数曲线

图 5.3　厌氧颗粒污染微生物多样性分析

　　本实验的 8 397 条序列可分成 873 个 OTU，而操作分类单元被认为可能接近于属，表明厌氧颗粒污泥中微生物种类很多。样本 Coverage 数值达到 0.936，对应图 5.3（a）丰富度稀疏曲线，反映出样本中序列没有被测出的概率极低，能很好地代表颗粒污泥中微生物的真实情况。Shannon 指数为 4.376，对应图 5.3（b）中的 Shannon 指数曲线最终趋向平坦，说明取样的数量合理，能很好地反映取样深度。Ace 指数达到 3 415.51，Chao 指数为 2 246.51，对应图 5.3（c）、（d）这两条曲线，序列数量达到或接近饱和，表明厌氧颗粒污泥中微生物多样性极高。这些分析说明厌氧颗粒污泥中微生物种类很多，可适应工业废水复杂水质情况。

2. 微生物群落结构解析

选择 OTU 的代表序列（默认丰度最高），采用核糖体数据库项目（ribosomal database project，RDP）进行物种分类（Huang et al.，2015），分析门（phylum）水平各微生物相对丰度，结果如图 5.4 所示。

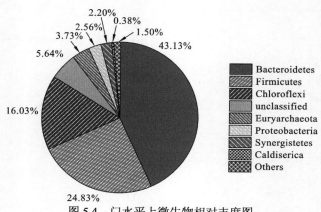

图 5.4　门水平上微生物相对丰度图

微生物主要可分为 7 大类门，丰度最高的是拟杆菌门（Bacteroidetes），比例达 43.13%；其次为厚壁菌门（Firmicutes），比例为 24.83%。绿弯菌门（Chloroflexi）为颗粒污泥中第三大类微生物，比例为 16.03%。接下来依次为广古菌门（Euryarchaeota）、变形菌门（Proteobacteria）、互养菌门（Synergistetes）及嗜热丝菌门（Caldiserica），所占比例分别为 3.73%、2.56%、2.20% 及 0.38%。另外，未分类到具体细菌门的序列（unclassified）所占比例为 5.64%，还有其他一些数目非常低的细菌门（比例小于 0.3%），其比例之和为 1.50%。

分析属（genus）水平各细菌对应的序列数量及相对丰度，并绘制菌属相对丰度图，结果如图 5.5 所示。对于所占比例小于 0.5% 的物种统一用"Others"表示。

Petrimonas 所占比例为 32.14%，包含序列 2699 条，为颗粒污泥中含量最多的微生物菌属。*Petrimonas* 是高浓度有机废水厌氧处理过程中的功能菌属，具有厌氧发酵产氢能力，此菌也曾在微生物燃料电池中被发现，与产甲烷菌分别参与产氢和产甲烷过程（Sun et al.，2015）。Erysipelotrichaceae 相对丰度为 7.68%，之前研究发现 Erysipelotrichaceae 参与乳酸代谢过程（Jiang et al.，2012），柠檬酸生产废水中有机酸类主要为乳酸，因此，推测该类菌在厌氧颗粒污泥中可降解乳酸。

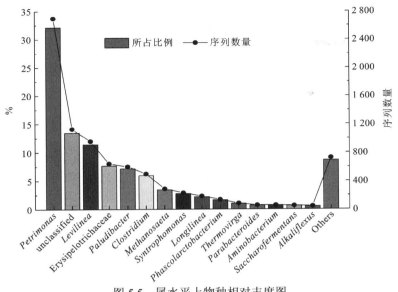

图 5.5　属水平上物种相对丰度图

部分细菌未鉴定到属

Paludibacter 和 *Parabacteroides* 所占比例分别为 7.17% 与 0.69%，均属于专性厌氧的拟杆菌门。研究发现，拟杆菌属能发酵多种单糖和二糖产生丙酸、乙酸和少量丁酸（吴俊妹 等，2014），因此，这两类微生物也是厌氧颗粒污泥中的功能菌属。*Clostridium*（梭菌属）所占比例为 5.95%，包含序列 500 条，是厌氧颗粒污泥优势菌属之一。*Clostridium* 属于厚壁菌门，是重要的酸化发酵菌，降解有机物产生甲酸、乙酸、丙酸等挥发酸。之前裴振洪等（2012）通过 16S rDNA 克隆文库方法，分析了柠檬酸废水厌氧颗粒污泥群落结构，同样发现梭菌属是其优势菌属。*Syntrophomonas*（互营单胞菌）在颗粒中所占比例为 2.75%，包含序列 231 条。该菌属也经常出现在厌氧发酵过程中，可促进丁酸降解，推测其为厌氧颗粒污泥功能菌属之一。此前有报道发现 *Syntrophomonas* 是处理造纸废水的厌氧反应器内主要优势菌属（20.76±0.51）%，对造纸废水容积负荷波动具有良好的抗冲击性（周轩宇，2014）。

Methanosaeta（甲烷鬃菌属）所占比例为 3.44%，包含序列 289 条，是厌氧颗粒污泥进行废水厌氧消化产甲烷阶段的功能菌属。朱文秀等（2012）进行了 IC 反应器处理啤酒废水的效能及其微生物群落动态分析，发现 *Methanosaeta* 在高进水负荷下优势地位显著，表明这类产甲烷菌具有耐受高负荷性能。*Phascolarctobacterium* 属于厚壁菌门，在颗粒污泥中所占比例为 1.63%，包含序列 137 条，具有厌氧发酵产生短链脂肪酸的能力（Lecomte et al.，2015）。

　　Levilinea（11.42%）和 *Longilinea*（2.2%）为厌氧绳菌科（Anaerolineaceae）的典型微生物菌属。曹新垲等（2012）发现 *Levilinea* 存在于处理含萘工业废水的厌氧活性污泥中；王学华等（2014）也发现 *Levilinea*、*Longilinea* 是处理印染废水上流式厌氧污泥床（up-flow anaerobic sludge blanket，UASB）反应器内的优势菌属。因此，*Levilinea* 与 *Longilinea* 均具有耐受工业废水中有毒物质侵害的能力。*Thermovirga* 所占比例为 1%，包含序列 84 条。王有昭（2014）研究了生物电化学强化偶氮染料脱色作用机制，发现 *Thermovirga* 在耐毒性驯化后的阳极生物膜中所占比例为 15.9%，在强化偶氮染料还原脱色中发挥关键作用，该菌属的存在有助于提高颗粒污泥对工业废水中有毒物质的耐受性能。

　　Aminobacterium、*Saccharofermentans* 与 *Alkaliflexus* 三种菌属所占比例较低，分别为 0.68%、0.61% 与 0.52%。这三类菌曾在秸秆发酵液微生物菌群分析中被观察到，其中 *Aminobacterium* 参与氨基酸代谢，*Alkaliflexus* 具有纤维素降解功能，可提供底物给产酸菌（李家宝 等，2014）。

　　所有比例低于 0.5% 的序列之和为 727 条，对应菌属共占 8.67%。说明颗粒污泥中还存在许多低丰度微生物菌属，虽不属于优势菌群，但也是颗粒污泥菌群结构的重要组分。

　　从以上分析可知，厌氧颗粒污泥功能菌群包括 4 大类，分别为：将有机物水解发酵菌群，*Paludibacter*、*Parabacteroides*、Erysipelotrichaceae、*Clostridium*、*Phascolarctobacterium*、*Aminobacterium*、*Saccharofermentans* 与 *Alkaliflexus*（所占比例之和为 24.93%）；产氢产乙酸菌群，*Petrimonas* 与 *Syntrophomonas*（所占比例之和为 34.89%）；产甲烷菌，*Methanosaeta*（3.44%）；可耐受工业废水毒害的微生物菌群，*Levilinea*、*Longilinea* 与 *Thermovirga*（所占比例之和为 14.62%）。由多种功能菌群组成的厌氧颗粒污泥，可有效地完成高浓度柠檬酸废水处理及抵抗有害物质对微生物的毒害作用。

　　厌氧颗粒污泥包含的这些微生物，不乏能够耐受酸性 pH、耐受工业废水毒害及具有还原作用的菌属，这些特征比较好地符合去除铀的微生物特征，推测该厌氧颗粒污泥具备处理含铀废水的潜力。

5.2　厌氧颗粒污泥除铀效果

　　许多研究表明，厌氧颗粒污泥对重金属废水具有良好的处理效果。刘冬雪等（2014）研究了厌氧颗粒污泥对 Cu^{2+} 的吸附性能，发现温度为 35℃、pH 为 5 时吸附效果最好。韩剑宏等（2014）研究发现硫酸盐的投加一定程度上促进了 SRB 的生长并创造了利于硫化铅沉淀的环境，为厌氧颗粒污泥处理含 Pb^{2+} 废水提供了有效途径。Sahinkaya 等（2015）研究了厌氧颗粒污泥对酸性矿山废水中砷的去除，发现砷的去除率可以达到 98%～100%，主要以 FeAsS 形式存在，或被金属硫化物吸附。同时，有溶解性硫化物存在时，Fe、Cu、Ni 和 Zn 的去除率能够达到 99%。Mal 等（2016）研究发现厌氧颗粒污泥对 Se、Cd、Pb、Zn 具有良好的去除效果。但目前应用厌氧颗粒污泥进行含铀废水处理的报道较少。

　　本节尝试利用厌氧颗粒污泥进行含铀废水的处理。取一定量的铀标准溶液，用去离子水稀释配置出 2.4 mg/L、4.8 mg/L、7.2 mg/L、9.6 mg/L、12 mg/L 的铀溶液，并调节初始 pH 至 6.0，加入淘洗后的厌氧颗粒污泥 2 g，通过摇床振荡培养，检测不同铀初始浓度溶液中铀的去除效果；选定去除效果最好的铀初始浓度，考察不同 pH（4.5、5.0、5.5、6.0、6.5）下厌氧颗粒污泥对铀的去除效果，以及厌氧颗粒污泥投加量（10 g/L、15 g/L、20 g/L、25 g/L、30 g/L）与共存离子（SO_4^{2-}、Fe^0、Fe^{2+}、Fe^{3+}）对 U(VI) 去除率的影响。另外，还探讨不同碳源（乳酸钠、乙酸钠）对除 U(VI) 效果的影响，以期为厌氧颗粒污泥应用于含铀废水处理提供适宜的环境条件与碳源参考。

5.2.1　初始浓度对 U(VI) 去除的影响

　　地浸与堆浸渗出废水中铀的浓度一般在 5 mg/L 以下，在余酸较多时，坑道渗出液中铀的质量浓度可能会升高至 10～20 mg/L。配置 U(VI) 初始浓度时，设置 2.4～12.0 mg/L 的梯度溶液，温度为室温（25 ℃）条件，并调节 pH 为 6.0，投加湿污泥 2 g（对应 VSS 为 0.1）至 100 mL 厌氧瓶中，反应 24 h 后，测定 U(VI) 去除率，结果如图 5.6（a）所示。测定 9.6 mg/L 铀初始浓度组在 72 h 内的铀浓度变化情况，结果如图 5.6（b）所示。

　　厌氧颗粒污泥对不同浓度的 U(VI) 溶液去除效果不同，在低浓度 U(VI) 溶液（2.4 mg/L）中，去除率为 73.6%。随着 U(VI) 浓度升高，去除率也逐渐提高，U(VI) 初始浓度为 9.6 mg/L 时，去除率最高，达到 95.1%。在 U(VI) 初始浓度为 12 mg/L 情况下，去除效果略有下降（94.7%）。反应 24 h 之后，5 个样品剩余 U(VI) 浓度在 0.47～0.92 mg/L，大部分 U(VI) 被去除，显示厌氧颗粒污泥中微生物具有良好的耐铀能力（鲁慧珍 等，2016）。在 U(VI) 初始浓度为 9.6 mg/L 情况下，U(VI) 去除率最高，剩余 U(VI) 浓度最低（0.47 mg/L），且继续小幅度下降保持到 72 h，说明厌氧颗粒污泥具有较好的耐铀效果。因此，以 U(VI) 初始浓度为 9.6 mg/L 进行后续影响因素实验。

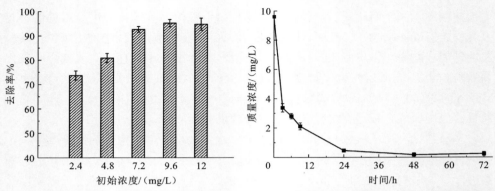

（a）不同U(VI)初始浓度下U(VI)去除效果　　（b）9.6 mg/L铀初始浓度组在72 h内铀浓度变化情况

图 5.6　厌氧颗粒污泥对不同初始浓度的 U(VI)去除效果

5.2.2　pH 对 U(VI)去除的影响

溶液 pH 会改变吸附剂表面的电荷状态，也会影响重金属离子在溶液中的存在形态，从而对重金属的吸附产生影响。在 25℃、U(VI)初始浓度为 9.6 mg/L 条件下，将溶液初始 pH 调至 4.5、5.0、5.5、6.0、6.5，加入厌氧颗粒污泥 2.0 g，反应 72 h，测定 U(VI)去除情况，结果如图 5.7 所示。

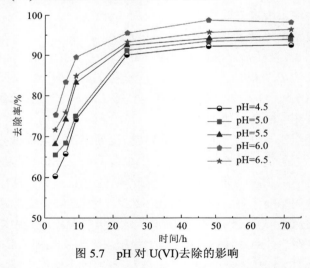

图 5.7　pH 对 U(VI)去除的影响

在同一时刻，初始 pH 为 4.5～6.5 内，去除率最高的曲线为初始 pH=6 的曲线，表明选择初始 pH 为 6 有利于增强厌氧颗粒污泥除铀效果。以初始 pH=6 的曲线为例，在 3 h 时铀去除率为 75.2%；随着时间延长，铀去除率逐渐升高，在 48 h 时达最大去除率（98.7%），这显示厌氧颗粒污泥具有良好的铀去除效果。到 72 h 时铀去除率仍有 98.1%，表明厌氧颗粒污泥对铀的去除具有较好的稳定性，能够耐受较高浓度铀的毒害。

　　另外，在反应 48 h 后，不同初始 pH 条件下铀的去除效果不同，但均达到 90% 以上。以初始 pH 为 4.5 的曲线为例，反应 3 h 时，铀去除率最低，为 60.5%，但 24 h 后铀的去除效果达到 90% 以上，表明厌氧颗粒污泥具有较好的耐受酸性 pH 能力，这可能与厌氧颗粒污泥取自柠檬酸废水反应器有关。推测其中存在耐酸、耐铀微生物共同作用，在较低的 pH 条件下完成铀的去除。

5.2.3　投加量对 U(VI) 去除的影响

　　在 25 ℃、U(VI) 初始浓度为 9.6 mg/L、溶液初始 pH 为 6 的条件下，投加 1.0 g、1.5 g、2.0 g、2.5 g、3.0 g 厌氧颗粒污泥，反应 72 h，测定溶液中 U(VI) 浓度，分析厌氧颗粒污泥投加量对 U(VI) 去除的影响，结果如图 5.8 所示。

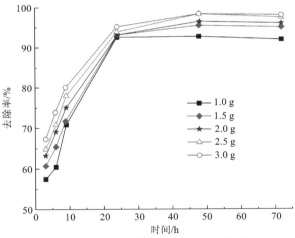

图 5.8　厌氧颗粒污泥投加量对 U(VI) 去除的影响

　　总体上 U(VI) 的去除率随厌氧颗粒污泥投加量的增加而逐渐增大，反应前 9 h，去除率小于 80%，推测原因是刚加入 U(VI) 溶液后，微生物需要一定时间的适应，通过生物吸附或者产生相应的代谢来抵抗铀的毒害作用。24 h 后去除率大于 90%，之后去除率增加不明显，说明厌氧颗粒污泥经过短暂的适应期之后，能够有效地进行铀去除，降低溶液中的铀浓度。经过 72 h，铀的去除率缓慢上升至 95% 左右，表明厌氧颗粒污泥具有良好的耐铀性能。

　　在反应 3 h 后，当厌氧颗粒污泥投加量较低（1.0 g）时，U(VI)去除率较低，为 57.4%；随着污泥投加量的增大，U(VI)去除率升高，当污泥投加量为 3.0 g，U(VI)去除率最高，为 67.27%。当反应 24 h 后，不同投加量下，厌氧颗粒污泥对 U(VI)的去除效果变化不大，去除率均达到 90%以上。反应 48 h，投加 1.0 g、1.5 g、2.0 g、2.5 g、3.0 g 厌氧颗粒污泥的实验组的 U(VI)去除率分别为 92.63%、95.48%、96.50%、98.15%与 98.5%，均大于 90%。当反应 72 h 后，U(VI)的去除率略有下降，分别为 91.91%、95.66%、96.10%、97.5%、98.09%。

　　另外，投加 3.0 g 厌氧颗粒污泥的去除率明显高于投加 1.0 g 厌氧颗粒污泥的去除率。反应 48 h 时，投加 2.0 g、2.5 g、3.0 g 厌氧颗粒污泥的实验组中 96%以上的 U(VI)被去除。总体而言，投加量大于 2.0 g 后，U(VI)去除率上升不明显。汤洁等（2013）关于微生物去除 Cr（VI）的报道也有类似现象，因此，后续实验选定 2.0 g 厌氧颗粒污泥作为适宜的投加量。

5.2.4　共存离子对 U(VI)去除的影响

　　铀尾矿、铀矿冶过程中，除了产生铀，还伴生有其他阴离子或金属离子，这些共存离子可能会对厌氧颗粒污泥除 U(VI)的效果产生影响。本节选取 SO_4^{2-}、Fe^0、Fe^{2+}、Fe^{3+}作为共存离子，考察它们对 U(VI)去除效果的影响。

1. SO_4^{2-} 对 U(VI)去除效果的影响

　　在 25 ℃、U(VI)初始浓度为 9.6 mg/L、初始 pH 为 6、厌氧颗粒污泥投加量为 2.0 g 条件下，考察 0 mmol/L、20 mmol/L、40 mmol/L、80 mmol/L 的 SO_4^{2-} 对 U(VI)去除的影响，测定反应 3 h、6 h、9 h、24 h、48 h、72 h 时厌氧瓶中剩余 U(VI)浓度，计算 U(VI)去除率，结果如图 5.9 所示。

　　U(VI)去除率随 SO_4^{2-} 浓度增大而增加，与对照组相比，添加 SO_4^{2-} 明显提高铀的去除效果。如反应 3 h 时，未添加 SO_4^{2-} 对照组的 U(VI)去除率为 45.7%；添加 SO_4^{2-} 的浓度越大，U(VI)去除率越高，添加 80 mmol/L 的 SO_4^{2-} 时，U(VI)去除率高达 80.5%。反应 9 h 后，未添加 SO_4^{2-} 对照组的 U(VI)去除率为 72.4%；而 SO_4^{2-} 浓度为 20 mmol/L、40 mmol/L 的实验组，U(VI)去除率分别为 92.1%与 94.6%；浓度为 80 mmol/L 的实验组基本完成了对 U(VI)的去除，且之后一直保持此状态，说明添加 80 mmol/L 的 SO_4^{2-} 可有效地促进铀的固定。推测原因是厌氧颗粒污泥本身对 U(VI)具有吸附和还原固定作用，而其中部分厌氧微生物还能够以 SO_4^{2-} 为电

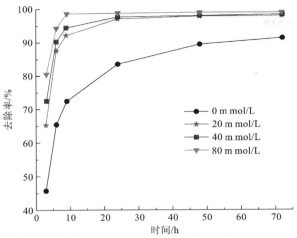

图 5.9　SO_4^{2-} 对厌氧颗粒污泥处理含 U(VI)废水的影响

子受体，将 SO_4^{2-} 还原成 H_2S，并与废水中的 U(VI)离子反应生成难溶性金属硫化物沉淀，从而促进 U(VI)的去除（Beyenal et al.，2004）。

2. Fe^0、Fe^{2+} 对厌氧颗粒污泥去除 U(VI)的影响

在 25℃、U(VI)初始浓度为 9.6 mg/L、初始 pH 为 6、厌氧颗粒污泥投加量为 2.0 g 条件下，分别添加 1 g/L 的 Fe^0 及 Fe^{2+}，反应 72 h，定时测定厌氧瓶中 U(VI)浓度变化情况，以不添加 Fe^0、Fe^{2+} 的厌氧颗粒污泥作为对照，U(VI)去除率如图 5.10 所示。

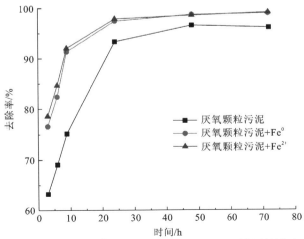

图 5.10　Fe^0 与 Fe^{2+} 对厌氧颗粒污泥除 U(VI)效果的影响

整体上，添加 Fe^0、Fe^{2+} 会显著促进 U(VI) 去除。在 3~24 h，没有添加 Fe^0、Fe^{2+} 的厌氧颗粒污泥对 U(VI) 去除率从 63.2% 升高到 93.3%，在 48 h 后升高到 96.5%。但添加 Fe^0、Fe^{2+} 的实验组的 U(VI) 去除率分别从 76.5% 升高到 97.4%、从 78.6% 升高到 97.8%；反应 48 h 后，添加 Fe^0、Fe^{2+} 的实验组的 U(VI) 去除率分别为 98.6%、98.5%。添加 Fe^0 与 Fe^{2+} 的实验组对 U(VI) 去除的曲线非常接近，对除 U(VI) 过程都有较好的促进效果，这可能是它们能够促进 U(VI) 的还原。

3. Fe^{3+} 对 U(VI) 去除效果的影响

在 25℃、U(VI) 初始浓度为 9.6 mg/L、初始 pH 为 6、厌氧颗粒污泥投加量为 2.0 g 条件下，考察 0 mg/L、10 mg/L、20 mg/L、40 mg/L 的 Fe^{3+} 对 U(VI) 去除效果的影响，反应 72 h，定时取样，分析 U(VI) 去除效果，结果如图 5.11 所示。

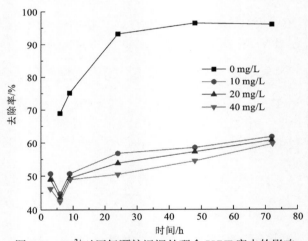

图 5.11　Fe^{3+} 对厌氧颗粒污泥处理含 U(VI) 废水的影响

整体上，添加 Fe^{3+} 会显著抑制 U(VI) 去除。在 3~24 h，未添加 Fe^{3+} 的厌氧瓶中 U(VI) 去除率从 63.2% 升高到 93.3%。而添加 10~40 mg/L Fe^{3+} 的厌氧瓶中 U(VI) 去除率从 50.6%~46.2% 相应地只升高到 56.8%~50.3%。反应 48 h 后，未添加 Fe^{3+} 的厌氧瓶中 U(VI) 去除率达到 96.5%；添加 10~40 mg/L Fe^{3+} 的厌氧瓶中 U(VI) 去除率仅有 58.4%~54.6%。这可能是 Fe^{3+} 与 U(VI) 具有竞争关系，都会被微生物还原，从而影响了 U(VI) 的去除效果。

5.3　除铀后厌氧颗粒污泥群落结构特征

5.3.1　除铀后微生物形态结构与元素组成

对除铀之后的厌氧颗粒污泥进行数码相机拍照，结果如图 5.12 所示。厌氧颗粒污泥粒径集中在 0.5～3.0 mm，仍然保持为深黑球状，说明厌氧颗粒污泥结合紧密，在铀胁迫下能够保持颗粒结构。为了更深入了解厌氧颗粒污泥中的微生物微观形态，对其进行扫描电镜观察。

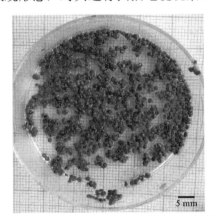

图 5.12　除铀后厌氧颗粒污泥形态

厌氧颗粒污泥真空干燥之后，样品压平、喷金 30 s，在 20 kV 加速电压下，通过 ESEM 放大 5 000 倍和 10 000 倍，观察微生物形态结构，并从细胞表面取点进行能谱分析，结果如图 5.13 所示。

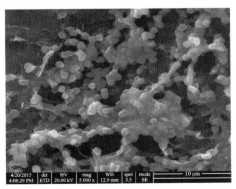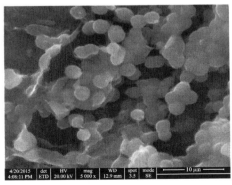

（a）SEM 放大 5 000 倍　　　　　　　　　　（b）SEM 放大 10 000 倍

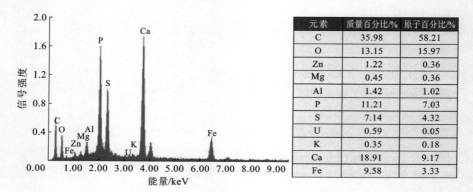

元素	质量百分比/%	原子百分比/%
C	35.98	58.21
O	13.15	15.97
Zn	1.22	0.36
Mg	0.45	0.36
Al	1.42	1.02
P	11.21	7.03
S	7.14	4.32
U	0.59	0.05
K	0.35	0.18
Ca	18.91	9.17
Fe	9.58	3.33

（c）EDS分析元素组成

图 5.13　厌氧颗粒污泥微生物形态结构及元素组成分析

厌氧颗粒污泥微生物形态为球形，直径约 1 μm。许多球形菌聚集在一起，形成团聚结构，这有助于微生物在缺氧环境生长及物质、能量之间的传递。在此之前进行的不加铀条件下的厌氧颗粒污泥环境扫描电镜及能谱分析（ESEM-EDS，图 5.2）显示，厌氧颗粒污泥细胞聚集紧密，EDS 显示没有 U 元素存在。处理 9.6 mg/L 含铀废水后，厌氧颗粒污泥细胞表面光滑、形态匀称、生长良好，表明厌氧颗粒污泥能够耐受较高 U(VI)浓度，推测其中微生物具有较强的铀还原、固定效果。与普通活性污泥相比，颗粒污泥对废水中重金属毒性抵抗能力大大增强，Tyupa 等（2015）研究也发现颗粒污泥对重金属毒害作用的抗性比普通活性污泥高 50%。通过能谱分析厌氧颗粒污泥中元素组成及比例，结果显示 C、O、P、S、Ca、Fe 这 6 种元素在 K 线系谱线下特征峰最明显，所占质量比例之和达 95.97%。此外，也出现了 U 的特征峰，其质量比例为 0.59%。

5.3.2　除铀后微生物多样性特征

高通量测序中 DNA 提取、PCR 扩增方法参照 4.1.2 小节内容，计算 Alpha 多样性指数，包括 Coverage、Ace 指数、Chao 指数、Shannon 指数、Simpson 指数等，结果如表 5.3 所示。

表 5.3　厌氧颗粒污泥微生物 Alpha 多样性统计表

样品	序列数量	OTU 数量	Coverage	Ace 指数	Chao 指数	Shannon 指数	Simpson 指数
A0	8 400	1 021	0.93	3 288.80	2 187.36	4.69	0.040
A1	12 103	1 490	0.93	5 016.84	3 440.76	5.14	0.025
A2	13 579	1 403	0.94	4 208.01	2 782.91	4.86	0.032
A3	11 171	1 421	0.92	5 083.53	3 139.58	5.03	0.025
A4	15 941	1 206	0.96	3 883.27	2 552.02	4.43	0.047
A5	11 125	1 244	0.93	4 973.62	2 988.79	4.82	0.031

注：A0 至 A5 分别为处理 0 mg/L、2.4 mg/L、4.8 mg/L、7.2 mg/L、9.6 mg/L 和 12 mg/L 含铀废水的厌氧颗粒污泥

　　原始序列质控之后，接种污泥获得有效序列 8 240 条，在 10～50 μmol/L（2.4～12 mg/L）铀浓度下有效序列数量在 11 125 以上，将所有序列按最小样本序列数量抽平，之后进行 Alpha 多样性计算分析，结果见图 5.14。通过 Rank-Abundance 曲线来反映微生物多样性和均一性 [图 5.14（a）]，其中横坐标长度可以反映丰富度，曲线的平滑趋势反映均一性。总体上所有的样品丰富度与均一性都较高，99% 以上的 OTU 包含的序列占所有序列的比例低于 1%，也说明了微生物均一性较好。

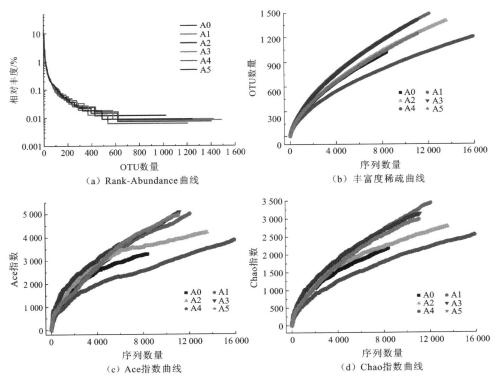

（a）Rank-Abundance 曲线　　　　　　（b）丰富度稀疏曲线

（c）Ace 指数曲线　　　　　　（d）Chao 指数曲线

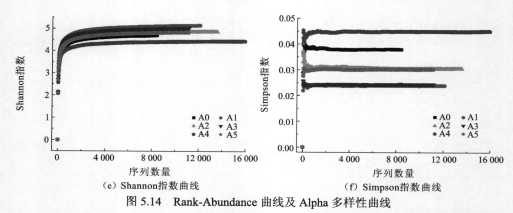

（e）Shannon指数曲线　　　　　　（f）Simpson指数曲线

图 5.14　Rank-Abundance 曲线及 Alpha 多样性曲线

A0 至 A5 分别为处理 0 mg/L、2.4 mg/L、4.8 mg/L、7.2 mg/L、9.6 mg/L 和 12 mg/L 含铀废水的厌氧颗粒污泥

　　OTU 分类水平与属相近（97%的序列相似性），所有的稀疏曲线最后接近饱和 [图 5.14（b）～（f）]，样品 Coverage 在 0.92～0.96，这些也反映测序深度合理，包含了厌氧颗粒污泥中绝大多数微生物。Alpha 多样性包含了 Ace 指数、Chao 指数、Shannon 指数和 Simpson 指数等，Ace 指数与 Chao 指数能够说明微生物丰富度，Shannon 指数和 Simpson 指数可反映微生物多样性（Yan et al.，2016a）。接种厌氧颗粒污泥的 OTU 为 1 021，不同铀浓度下的微生物的 OTU 数量分别为 1 490、1 403、1 421、1 206 和 1 244，均高于接种厌氧颗粒污泥（A0），说明铀胁迫下厌氧颗粒污泥的微生物种类增加。

　　Ace 指数和 Chao 指数也证实了这种推测，它们具有相似的从大到小顺序，为 A1＞A3＞A5＞A2＞A4＞A0。A1 样品的 Ace 指数和 Chao 指数分别为 5 016.84 和 3 440.76，对应的曲线也反映了发展趋势 [图 5.14（c）～（d）]，两者大小与丰富度呈正相关。铀胁迫下厌氧颗粒污泥中的微生物群落丰富度均升高，说明其中的微生物能够耐受不同浓度（2.4～12.0 mg/L）的铀胁迫。

　　微生物多样性可由 Shannon 指数和 Simpson 指数来说明，且与前者呈正相关，与后者呈负相关。总体上两者的曲线快速升至饱和 [图 5.14（e）～（f）]，表明厌氧颗粒污泥中微生物多样性较高。Shannon 指数大小顺序为 A1＞A3＞A2＞A5＞A0＞A4。与接种厌氧颗粒污泥的 Shannon 指数（4.69）相比，铀胁迫下 Shannon 指数除 9.6 mg/L 的样品（4.43）外，其他均上升。相反地，Simpson 指数大小顺序为 A1＜A3＜A5＜A2＜A0＜A4，与接种污泥的 Simpson 指数（0.04）相比，9.6 mg/L 铀胁迫下 Simpson 指数（0.047）上升，其他均下降。这些表明，9.6 mg/L 铀胁迫下厌氧颗粒污泥的微生物多样性下降。以上分析表明，2.4 mg/L 铀胁迫下厌氧颗粒污泥具有最大的微生物丰富度与多样性。之前也有类似的报道，低浓度铀可以促进微生物丰富度与多样性发生变化，进而形成耐铀微生物菌群（Yan et al.，2016b）。

5.3.3 处理不同浓度铀后微生物群落结构特征

1. 门水平下微生物群落结构特征

通过与 RDP 数据比对，门水平下微生物群落组成如图 5.15 所示，主要显示相对丰度在 0.01%以上的菌属（Zeng et al.，2018）。Bacteroidetes 在接种污泥（A0）中所占比例最大，为 43.13%，在 2.4～12.0 mg/L 铀胁迫下，其所占比例分别下降至 32.77%、21.22%、25.89%、29.35%和 18.13%。Bacteroidetes 此前曾在印度高韦里河的铀污染沉积物中出现，所占比例达 22.36%（Suriya et al.，2017）。

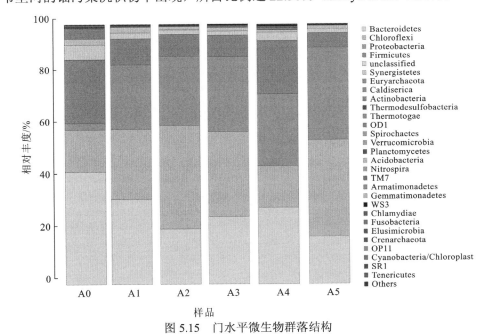

图 5.15 门水平微生物群落结构

A0 至 A5 分别为处理 0 mg/L、2.4 mg/L、4.8 mg/L、7.2 mg/L、9.6 mg/L 和 12 mg/L 含铀废水的厌氧颗粒污泥

接种厌氧颗粒污泥的第二大细菌门类为 Firmicutes，所占比例为 24.64%，在 2.4～12.0 mg/L 铀胁迫下，其所占比例分别下降至 10.22%、8.73%、8.3%、20.86% 和 5.72%。接种厌氧颗粒污泥中其他优势菌为 Chloroflexi、Euryarchaeota、Proteobacteria 和 Synergistetes，所占比例分别为 16.05%、3.7%、2.54%和 2.2%。Chloroflexi 比例在 2.4 mg/L、4.8 mg/L、7.2 mg/L 和 12 mg/L 铀胁迫下，比例分别上升至 26.7%、39.58%、32.4%和 36.94%，在 9.6 mg/L 铀胁迫下，比例稍微下降到 15.83%。在 2.4～9.6 mg/L 铀胁迫下，Euryarchaeota 比例显著下降，所占比例

分别只有 0.09%、0.09%、0.38%、0.76%和 0.06%；相反地，Proteobacteria 比例显著上升至 24.8%、26.62%、29.05%、27.56%和 35.72%；而 Synergistetes 比例稍微下降至 2.19%、1.23%、1.38%、0.9%和 1.26%。

因此，铀胁迫下 Euryarchaeota 丰度受到明显影响，而 Bacteroidetes、Firmicutes和 Synergistetes 的丰度受影响较小，而 Chloroflexi 和 Proteobacteria 丰度显著上升。铀胁迫下 Bacteroidetes、Chloroflexi、Proteobacteria 和 Firmicutes 丰度整体较高，属于优势菌群，此前也常出现在铀污染生物修复的研究中（Suriya et al.，2017；Hu et al.，2016；Lopez-Fernandez et al.，2015），因此推测它们也是厌氧颗粒污泥中在门水平上的耐铀优势菌群。

2. 属水平微生物群落结构特征

属水平下微生物群落结构特征如图 5.16 所示，通过比较样品群落结构可知它们之间的相似性。接种厌氧颗粒污泥（A0）与 9.6 mg/L 铀胁迫下厌氧颗粒污泥群落结构更相似，2.4 mg/L 铀胁迫与 7.2 mg/L 铀胁迫下微生物群落结构比较相似，4.8 mg/L 铀胁迫与 12.0 mg/L 铀胁迫下微生物群落结构比较相似。

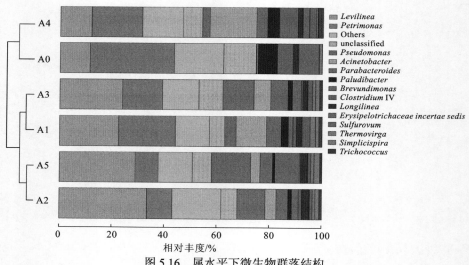

图 5.16　属水平下微生物群落结构
部分细菌未鉴定到种

A0 至 A5 分别为处理 0 mg/L、2.4 mg/L、4.8 mg/L、7.2 mg/L、9.6 mg/L 和 12 mg/L 含铀废水的厌氧颗粒污泥

接种厌氧颗粒污泥（A0）中，丰度最高的前 5 种菌属为 *Petrimonas*（32.14%）、*Levilinea*（11.42%）、*Erysipelotrichaceae incertae sedis*（7.68%）、*Paludibacter*（7.18%）和 *Clostridium* IV（5.94%），这 5 种菌属比例之和为 64.34%。在 2.4 mg/L 铀胁迫

下，丰度最高的前 5 种菌属为 *Levilinea*（22.53%）、*Petrimonas*（21.62%）、*Acinetobacter*（11.59%）、*Parabacteroides*（5.55%）和 *Pseudomonas*（4.43%），比例之和为 65.72%。在铀胁迫下，厌氧颗粒污泥的优势菌属发生了明显变化。此前研究也发现，沉积物在有无铀污染情况下，微生物群落结构发生明显变化（Suriya et al.，2017）。

在 4.8 mg/L 与 7.2 mg/L 铀胁迫下，前 5 种优势菌属是一致的，均为 *Levilinea*、*Pseudomonas*、*Petrimonas*、*Parabacteroides* 和 *Acinetobacter*，只是丰度不完全相同。9.6 mg/L 铀胁迫下，前 5 种优势菌属分别为 *Petrimonas*（19.31%）、*Acinetobacter*（17.82%）、*Levilinea*（11.94%）、*Clostridium* IV（7.18%）和 *Paludibacter*（4.25%）。12 mg/L 铀胁迫下，丰度最高的前 5 种优势菌属为 *Levilinea*（28.83%）、*Pseudomonas*（14.96%）、*Brevundimonas*（8.85%）、*Petrimonas*（7.3%）和 *Parabacteroides*（4.71%）。对比发现，9.6 mg/L 和 12 mg/L 铀胁迫下，微生物优势菌属组成与丰度发生了较大变化，这可能是较高铀浓度影响的结果。Tapia-Rodriguez 等（2012）曾报道 U(VI) 能够严重抑制厌氧生物膜中的产甲烷菌与反硝化菌，而硫氧化反硝化菌受到影响最小。相似地，厌氧颗粒污泥中 *Levilinea* 和 *Pseudomonas* 是受到影响最小的菌属。

采用 Beta 多样性来分析厌氧颗粒污泥群落结构的变化，基于 UniFrac 加权矩阵的 Beta 多样性结果如图 5.17 所示，相应的参数如表 5.4 所示。

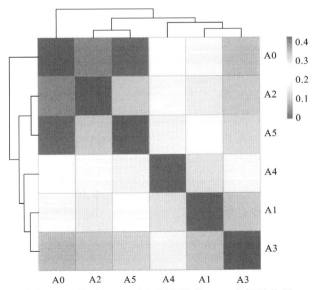

图 5.17 基于 UniFrac 加权矩阵的 Beta 多样性热图

红色表示距离较小，墨蓝色表示距离较大；A0 至 A5 分别为处理 0 mg/L、2.4 mg/L、4.8 mg/L、

7.2 mg/L、9.6 mg/L 和 12 mg/L 含铀废水的厌氧颗粒污泥（扫封底二维码见彩图）

表 5.4　基于 UniFrac 加权矩阵的 Beta 多样性的距离

样品	A0	A1	A2	A3	A4	A5
A0	0	0.27	0.40	0.34	0.22	0.43
A1	0.27	0	0.17	0.11	0.15	0.22
A2	0.40	0.17	0	0.11	0.26	0.12
A3	0.34	0.11	0.11	0	0.19	0.13
A4	0.22	0.15	0.26	0.19	0	0.28
A5	0.43	0.22	0.12	0.13	0.28	0

注：A0 至 A5 分别为处理 0 mg/L、2.4 mg/L、4.8 mg/L、7.2 mg/L、9.6 mg/L 和 12 mg/L 含铀废水的厌氧颗粒污泥

　　Alpha 多样性主要关注群落内的微生物多样性，而 Beta 多样性衡量群落间的多样性（Yan et al.，2016a）。结果发现接种厌氧颗粒污泥（A0）与处理 12 mg/L 含铀废水的厌氧颗粒污泥群落结构相距最远，说明处理高浓度含铀废水之后，微生物组成与丰度变化最大。

3. 微生物群落结构热图分析

　　为了更好地理解短时间（24 h）内除铀后微生物群落结构变化特征，绘制属水平的热图，直观地展示各优势菌属相对丰度，结果如图 5.18 所示。*Levilinea* 在接种厌氧颗粒污泥（A0）中占比 11.4%，在处理不同浓度（2.4～12 mg/L）含铀废水后，比例分别上升至 22.5%、33.4%、23.9%、11.9% 和 28.8%。*Petrimonas* 细菌在接种厌氧污泥中所占比例最大为 32.14%，处理不同浓度含铀废水后，该菌丰度降低明显。*Clostridium* IV 在接种厌氧颗粒污泥中所占比例为 5.9%，处理 2.4～7.2 mg/L 及 12 mg/L 含铀废水后，比例有所下降；但在处理 9.6 mg/L 含铀废水的厌氧颗粒污泥中，其比例上升到 7.2%。*Clostridium* 属于厚壁菌门，是铁还原菌中的一种，具有还原沉淀铀能力。与接种厌氧颗粒污泥相比，另外一些菌属如 *Pseudomonas*、*Acinetobacter*、*Parabacteroides*、*Brevundimonas*、*Sulfurovum* 和 *Trichococcus* 显著增加，说明这些细菌具有良好的耐铀能力。

　　Levilinea 具有嗜温厌氧发酵作用。曹新垲等（2012）通过厌氧活性污泥对工业废水中的萘进行了生物处理，发现微生物群落中存在 *Levilinea*；王学华等（2014）研究了处理印染废水的高效水解酸化 UASB 反应器内活性污泥菌群结构，发现 *Levilinea*、*Longilinea* 是其中优势菌属；这些研究表明 *Levilinea* 与 *Longilinea* 具有适应工业废水复杂环境的能力。*Petrimonas* 具有厌氧发酵产氢能力。Sun 等（2015）进行了活性污泥微生物燃料电池群落结构解析，发现 *Petrimonas* 与产甲烷菌是其中优势微生物，负责产氢产甲烷过程。Zhang 等（2014）研究了离子液体对

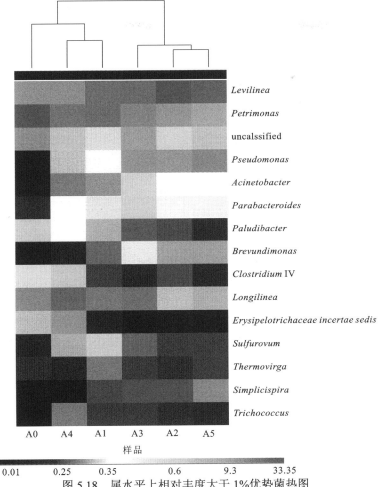

图 5.18　属水平上相对丰度大于 1%优势菌热图

部分细菌未鉴定到种

红色表示丰度高，蓝色表示丰度低。A0~A5 分别为处理 0 mg/L、2.4 mg/L、4.8 mg/L、
7.2 mg/L、9.6 mg/L 和 12 mg/L 含铀废水的厌氧颗粒污泥（扫封底二维码见彩图）

Clostridium sp.的生长及吸附铀的影响，发现离子液体对 *Clostridium* sp.的生长会
产生毒害作用，从而降低其对铀的去除效果。*Pseudomonas* 对铀具有很高的吸附
固定效果，本书第 3 章分离的除铀菌属也有这种菌。Choudhary 等（2011）研究
发现，在 pH 为 4 的酸性条件下，假单胞菌种 *Pseudomonas aeruginosa* 对铀的吸
附容量达 275 mg/g 干细胞，该菌种通过生物矿化作用可以去除 99%的溶解性铀，
并能保持良好的生物活性，显示其超强固铀除铀性能。*Acinetobacter* 为不动杆菌，
是污水处理中常见微生物菌属。Islam 等（2011a）通过传统培养及不依赖培养的分

子生物学技术研究了铀矿细菌群落特性，发现两种分析方法均显示 *Acinetobacter* 为其中优势菌属，具有抵抗铀及其他重金属毒性的能力。*Brevundimonas* 此前也在铀尾矿库中出现（Islam et al.，2011b）。*Parabacteroides* 属于拟杆菌门，可通过厌氧发酵产生还原性物质（Shan et al.，2017），将 U(VI)还原固定。*Sulfurovum* 具有自养脱硫反硝化功能，Handley 等（2012）进行了铀污染生物修复中的微生物群落结构分析，发现 *Sulfurovum* 与其他 SRB 丰度较高。李于于（2013）进行了砂岩型铀矿中铁素氧化还原相关细菌类群分析，发现 *Trichococcus* 的存在，证明其与铁的氧化还原相关，且能够适应铀存在环境。因此，与接种污泥相比，相对丰度升高的菌属具有耐受铀胁迫的能力，根据国内外文献报道，它们大多也是除铀的功能菌属。

　　与接种厌氧颗粒污泥相比，处理不同浓度含铀废水的厌氧颗粒污泥中，*Paludibacter* 和 *Erysipelotrichaceae incertae sedis* 均下降，表明它们不能适应含铀废水环境。*Paludibacter* 属于拟杆菌门，为专性厌氧微生物，在纤维素降解过程中发挥重要作用（吴俊妹 等，2014），能发酵多种单糖和二糖产丙酸、乙酸和少量丁酸，有些菌种还有厌氧发酵产氢作用。Erysipelotrichaceae 与乳酸代谢相关（Jiang et al，2012），因为颗粒污泥取自柠檬酸废水处理厂，该类菌种可能与有机物代谢有关。

　　基于以上分析，厌氧颗粒污泥处理不同浓度含铀废水后，微生物群落中优势菌属组成发生变化，图 5.19 显示了上述 8 种变化最明显的菌属的相对丰度情况，表 5.5 中详细列出它们的菌属归类及之前报道的除铀机理。

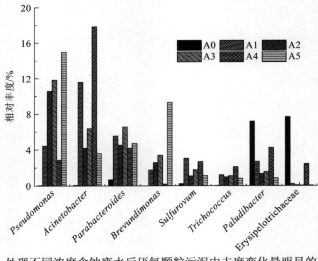

图 5.19　处理不同浓度含铀废水后厌氧颗粒污泥中丰度变化最明显的菌属情况

部分细菌未鉴定到属

A0 至 A5 分别为处理 0 mg/L、2.4 mg/L、4.8 mg/L、7.2 mg/L、9.6 mg/L 和 12 mg/L 含铀废水的厌氧颗粒污泥

表 5.5　厌氧颗粒污泥代表性菌属分类

门	纲	目	科	属	除铀机理	参考文献
Proteobacteria	Gammaproteobacteria	Pseudomonadales	Pseudomonadaceae	*Pseudomonas*	生物吸附与累积	Deng et al., 2017
Proteobacteria	Gammaproteobacteria	Pseudomonadales	Moraxellaceae	*Acinetobacter*	生物累积	Islam et al., 2011b
Bacteroidetes	Bacteroidetes	Bacteroidales	Porphyromonadaceae	*Parabacteroides*	未知	未知
Proteobacteria	Alphaproteobacteria	Caulobacterales	Caulobacteraceae	*Brevundimonas*	生物吸附与累积	Zinicovscaia et al., 2017
Proteobacteria	Epsilonproteobacteria	Campylobacterales	Helicobacteraceae	*Sulfurovum*	生物还原	Shan et al., 2017
Firmicutes	Bacilli	Lactobacillales	Carnobacteriaceae	*Trichococcus*	生物还原	Handley et al., 2012
Bacteroidetes	Bacteroidia	Bacteroidales	Porphyromonadaceae	*Paludibacter*	未知	本书
Firmicutes	Erysipelotrichi	Erysipelotrichales	Erysipelotrichaceae	*Erysipelotrichaceae incertae sedis*	未知	本书

Pseudomonas、*Acinetobacter* 和 *Brevundimonas* 属于变形菌门（表 5.5），推测它们通过吸附、富集作用固定铀（Zinicovscaia et al.，2017；Islam et al.，2016；Islam et al.，2011b）。*Sulfurovum* 和 *Trichococcus* 分别属于变形菌门和厚壁菌门，可以通过将 U(VI)还原成 U(IV)来固定铀（李于于，2013；Handley et al.，2012）。之前没有报道 *Parabacteroides* 具有除铀作用，这里推测它通过间接作用促进铀的固定，如产生一些还原性物质或为其他固铀细菌提供基质（Shan et al.，2017）。

4. 微生物菌属差异性分析

以接种厌氧颗粒污泥中菌属为对照，对处理不同浓度含铀废水后的微生物菌属丰度变化情况与之进行差异性分析，结果如表 5.6 所示。处理 2.4 mg/L 含铀废水后，其中 16 种优势菌属丰度发生显著变化（$P_{01} < 0.01$），而 *Longilinea* 和 *Phascolarctobacterium* 的丰度没有显著差异。处理 4.8～12.0 mg/L 含铀废水后，群落组成中的绝大部分优势菌属丰度均发生了显著变化，表明厌氧颗粒污泥处理不同浓度含铀废水后，其中微生物群落结构发生明显变化。具有耐铀作用的微生物在群落中所占比例上升，表现出较强铀还原、固定效果，成为优势菌属；不能抵抗铀毒害的微生物菌属所占比例下降或者消失，在群落中的作用弱化。

5.4　厌氧颗粒污泥处理酸性含铀废水效果及群落结构特征

5.4.1　酸性 pH 条件下厌氧颗粒污泥除铀效果

温度为 25 ℃下，向 100 mL 厌氧瓶里加入厌氧颗粒污泥 2 g，U(VI)溶液的初始浓度为 9.6 mg/L，在 150 r/min 摇床培养 72 h，考察在酸性（pH 为 4.5、5.5、6.5）条件下溶液中铀的去除效果，结果如图 5.20 所示。经过 24 h，初始 pH 为 4.5、5.5、6.5 的溶液对应的铀浓度降低至 0.70 mg/L、0.65 mg/L 和 0.47 mg/L。经过 72 h，铀浓度进一步降低，其中初始 pH 为 6.5 溶液中铀去除率达到 98.1%，初始 pH 为 4.5 的溶液中铀去除率也有 91.9%。这表明酸性 pH 条件下厌氧颗粒污泥仍有较高的铀去除效果，表现出耐酸、耐铀能力，说明厌氧颗粒污泥具备处理酸性含铀废水的潜力。

表 5.6　细菌菌属相对丰度差异性分析

菌属	A0 丰度	A1 丰度	P_{01} 值	A2 丰度	P_{02} 值	A3 丰度	P_{03} 值	A4 丰度	P_{04} 值	A5 丰度	P_{05} 值
Petrimonas	32.14	21.62	L	9.72	L	15.27	L	19.31	L	8.85	0
unclassified	12.40	5.84	L	6.24	L	9.20	L	7.30	L	7.30	L
Levilinea	11.40	22.53	L	33.35	L	23.91	L	11.94	0.23	28.83	L
Erysipelotrichaceae incertae sedis	7.68	0.24	L	0.10	L	0.07	L	2.43	L	0.06	L
Paludibacter	7.18	2.70	L	1.36	L	1.57	L	4.25	L	0.86	L
Clostridium IV	5.94	1.21	L	1.28	L	0.69	L	7.18	L	0.47	L
Methanosaeta	3.44	0.07	L	0.04	L	0.23	L	0.53	L	0.04	L
Syntrophomonas	2.75	0.29	L	0.28	L	0.23	L	1.34	L	0.22	L
Longilinea	2.21	2.05	0.45	2.88	0.003 1	1.88	0.11	1.83	0.046	2.77	0.017
Phascolarctobacterium	1.63	1.38	0.16	0.49	L	0.64	L	0.70	L	0.45	L
Prolixibacter	1.45	0.42	L	0.34	L	0.22	L	0.66	L	0.23	L
Thermovirga	1.00	2.00	L	1.05	0.76	1.16	0.31	0.55	L	1.15	0.35
Pseudomonas	0.06	4.43	L	10.58	L	11.83	0	2.85	L	14.96	0
Acinetobacter	0.08	11.59	L	4.2	L	6.39	L	17.82	0	3.6	L
Parabacteroides	0.69	5.55	L	4.52	L	6.56	L	4.19	L	4.71	L
Brevundimonas	0.01	1.75	L	2.58	L	3.38	L	0.21	L	9.3	L
Sulfurovum	0.24	3.04	L	1.09	L	1.76	L	2.69	L	1.13	L
Simplicispira	0.04	1.34	L	1.49	L	1.5	L	0.06	0.56	2.25	L
Trichococcus	0.05	1.21	L	0.99	L	1.11	L	2.1	L	0.83	L

注：A0～A5 分别为处理 0 mg/L、2.4 mg/L、4.8 mg/L、7.2 mg/L、9.6 mg/L 和 12 mg/L 含铀废水的厌氧颗粒污泥。L 代表低于 0.001 的值

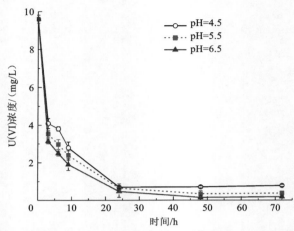

图 5.20　初始 pH 为 4.5、5.5、6.5 下厌氧颗粒污泥对 9.6 mg/L 的 U(VI)去除效果

厌氧颗粒污泥处理酸性含铀废水后仍然保持良好的形态结构［图 5.21（a）］，直径在 1～4 mm；经过扫描电镜放大 10 000 倍，发现其中以直径约 1 mm 的球形细菌为主［图 5.21（b）］，形态结构完好，表明这些微生物能够适应酸性含铀废水环境。

　　　　（a）形态和大小　　　　　　　　（b）微观形态
图 5.21　接种厌氧颗粒污泥形态和扫描电镜放大 10 000 倍观察到的微观形态

5.4.2　厌氧颗粒污泥微生物多样性分析

1. Alpha 多样性分析

对微生物多样性分析方法同 4.1.2 小节，所获得的序列、OTU 数量、Coverage 及 Alpha 多样性指数如表 5.7 所示。相应的 Rank-Abundance 曲线和稀疏曲线如

图 5.22 所示。序列经过质控后，平均长度在 410～415 bp，符合 PCR 扩增预期结果。Coverage 在 0.991 以上，表明厌氧颗粒污泥中绝大部分微生物序列被检测到；而稀疏曲线很快达到或者接近饱和[图 5.22（b）～（f）]，说明测序深度合理（Suriya et al.，2017）。

表 5.7　接种厌氧颗粒污泥及处理 9.6 mg/L 含铀废水的厌氧颗粒污泥的 Alpha 多样性指数

样品	质控后序列	序列平均长度/bp	Coverage	OTU数量	Ace指数	Chao指数	Shannon指数	Simpson指数
接种厌氧颗粒污泥	7 864	415	0.992	238	283.6	278.7	3.4	0.08
pH=6.5	21 464	412	0.991	223	299.1	293.0	3.5	0.07
pH=5.5	11 067	410	0.992	208	257.3	243.9	3.4	0.08
pH=4.5	12 510	410	0.991	200	278.3	289.7	3.2	0.08

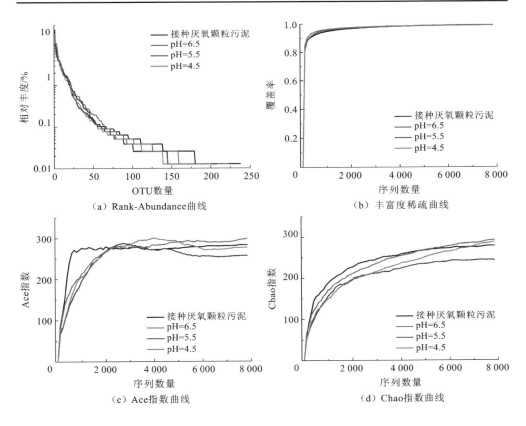

（a）Rank-Abundance曲线　　　　（b）丰富度稀疏曲线

（c）Ace指数曲线　　　　（d）Chao指数曲线

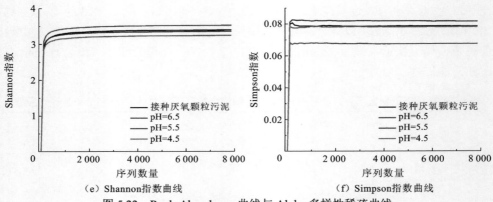

（e）Shannon指数曲线　　　　　　　（f）Simpson指数曲线

图 5.22　Rank-Abundance 曲线与 Alpha 多样性稀疏曲线

在 Rank-Abundance 曲线中，横坐标长度可反映丰度，其中接种厌氧颗粒污泥丰度最高。曲线的平滑情况反映均一性，除铀前后厌氧颗粒污泥的均一性比较接近[图 5.22（a）]。以最小序列 7 864 对所有样本序列进行抽平处理，然后计算相应的 OTU、Alpha 多样性指数，发现 OTU 数量随着 pH 降低而降低，从接种厌氧颗粒污泥中的 238 降低到 pH 为 4.5 时的 200，由于 OTU 数量可以代表细菌种类，这表明总的微生物种类在减少（Rodrigues et al.，2014）。

如图 5.22（c）～（d）所示，反映丰富度的 Ace 指数和 Chao 指数曲线很快达到饱和，这表明厌氧颗粒污泥在处理酸性含铀废水之后，仍然具有很高的微生物丰富度。Ace 指数和 Chao 指数在厌氧颗粒污泥处理初始 pH 为 6.5 的含铀废水中最高，分别为 299.1 和 293.0（表 5.7），其对应的 Ace 指数和 Chao 指数曲线也最高[图 5.22（c）～（d）]。

Shannon 指数和 Simpson 指数可衡量微生物多样性，整体上厌氧颗粒污泥除铀前后多样性均较高[图 5.22（e）～（f）]。厌氧颗粒污泥处理初始 pH 为 6.5 的含铀废水后，其 Shannon 指数最高为 3.5，而 Simpson 指数最低为 0.07，两者对应的稀疏曲线在 4 个样本中也一致，这些反映了处理初始 pH 为 6.5 的含铀废水厌氧颗粒污泥的微生物多样性最高。厌氧颗粒污泥处理弱酸性（pH 为 6.5）的含铀废水（铀初始浓度为 9.6 mg/L）后，其丰富度和多样性均有所增加。Yan 等（2016b）也报道过类似的情况，发现在铀胁迫下，微生物丰富度与多样性增加，促进了耐铀菌群形成。而本节也发现厌氧颗粒污泥处理酸性含铀废水后，形成了耐酸、耐铀微生物菌群（Zeng et al.，2018）。

2. Beta 多样性分析

Beta 多样性用来评估不同群落间的微生物多样性（Yan et al.，2016a）。基于

UniFrac 加权矩阵的 Beta 多样性结果如图 5.23 所示。接种厌氧颗粒污泥与初始 pH 为 6.5、5.5 和 4.5 条件下处理含铀废水后的厌氧颗粒污泥微生物间的 Beta 多样性指数分别为 0.385、0.398 和 0.403。而除铀厌氧颗粒污泥相互间的 Beta 多样性指数只有 0.069~0.140。说明与接种厌氧颗粒污泥相比，处理酸性含铀废水后厌氧颗粒污泥中的微生物多样性发生明显变化。随着初始 pH 从 6.5 降低到 4.5，除铀的厌氧颗粒污泥间的差异较小，这说明厌氧颗粒污泥除铀前后群落结构的变化主要受铀浓度的影响。处理初始 pH 为 4.5 的含铀废水之后，厌氧颗粒污泥内的细菌组成与多样性变化最明显。

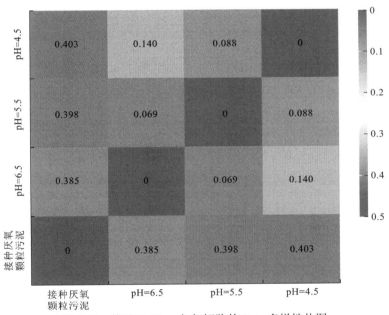

图 5.23　基于 UniFrac 加权矩阵的 Beta 多样性热图

红色表示距离较大，绿色表示距离较小；pH＝6.5~4.5 分别表示在初始 pH 为 6.5、5.5 和 4.5 下处理

9.6 mg/L 含铀废水后的厌氧颗粒污泥（扫封底二维码见彩图）

3. 物种差异的 Venn 图分析

通过 Venn 图来分析不同样品内物种的相似性与差异性，可以直观地观察到处理含铀废水后微生物的共有菌属与差异菌属（He et al.，2017）。以属水平分析厌氧颗粒污泥处理铀前后的 Venn 图，结果如图 5.24 所示。除铀前后，厌氧颗粒污泥内共有菌属 71 种；接种厌氧颗粒污泥与初始 pH 为 6.5、5.5 和 4.5 的厌氧颗粒污泥共有菌属数目分别为 100、99 和 87，这也证实了随着 pH 降低，厌氧颗粒

污泥群落结构变化更显著。接种的厌氧颗粒污泥独有菌属 20 种,初始 pH 为 6.5、5.5 和 4.5 的厌氧颗粒污泥独有菌属分别有 11 种、2 种和 9 种。这表明厌氧颗粒污泥处理含铀废水后(72 h)其微生物群落组成发生变化,出现了特有菌属。但 Venn 图不能显示各厌氧颗粒污泥中微生物的丰度,将在微生物群落结构特征中进行详细解析。

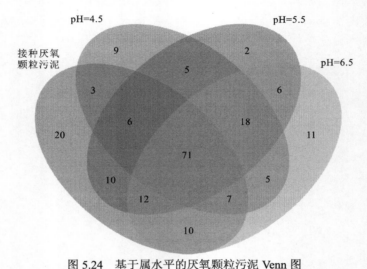

图 5.24　基于属水平的厌氧颗粒污泥 Venn 图

pH =4.5~6.5 分别表示在初始 pH 为 4.5、5.5 和 6.5 下处理 9.6 mg/L 含铀废水后的厌氧颗粒污泥

5.4.3　厌氧颗粒污泥群落结构特征

1. 门水平上微生物组成与丰度

统计在门水平丰度 1%以上的微生物,结果如图 5.25 所示。接种厌氧颗粒污泥中 Chloroflexi 的相对丰度为 17.9%,处理初始 pH 为 6.5、5.5 和 4.5 的酸性含铀(9.6 mg/L)废水后,其相对丰度分别升高至 37.7%、42.4%和 43.1%。类似地,Proteobacteria 的相对丰度从接种厌氧颗粒污泥的 2.3%,分别升高至 17.2%、14.4% 和 13.0%。Dhal 等(2014)等在印度某铀尾矿(库)沉积物、水样中发现 Chloroflexi 为其中的优势菌。Proteobacteria 也曾被报道为印度高韦里河铀污染沉积物中的优势菌,相对比例达到 47.5%(Suriya et al.,2017)。在厌氧颗粒污泥中这两类细菌相对丰度显著增加,这表明它们具有耐铀性能。

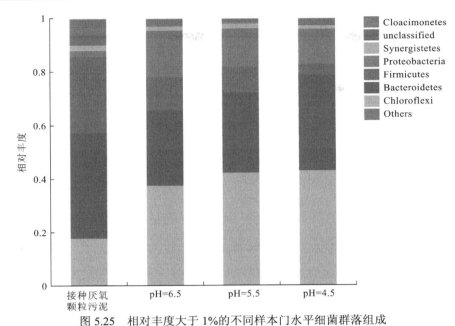

图 5.25　相对丰度大于 1%的不同样本门水平细菌群落组成

pH=6.5~4.5 分别表示在初始 pH 为 6.5、5.5 和 4.5 下处理 9.6 mg/L 含铀废水的厌氧颗粒污泥

接种厌氧颗粒污泥中 Bacteroidetes 的相对丰度为 39.7%，处理初始 pH 为 6.5、5.5 和 4.5 的酸性含铀（9.6 mg/L）废水后，其相对丰度稍微下降至 28.3%、30.4% 和 35.9%。而 Firmicutes 相对丰度下降明显，从 28.4%下降至 12.4%、9.3%和 4.1%。之前有研究报道 Firmicutes 和 Bacteroidetes 分别占耐铀菌群丰度的 51%和 10%（Kumar et al.，2013）。然而作者发现 Firmicutes 在酸性含铀废水中丰度受到影响。Synergistetes 在接种污泥中的相对丰度只有 2.2%，处理酸性（初始 pH 为 6.5、5.5、4.5）含铀（9.6 mg/L）废水后，其比例进一步下降至 1.7%、1.9%和 1.4%。Caldiserica 菌的丰度类似，从接种污泥的 2.6%下降至 0.4%、0.2%和未检测出。

因此，处理酸性含铀废水后，厌氧颗粒污泥中的细菌相对丰度变化明显。经过酸性、含铀双重刺激，Firmicutes 和 Caldiserica 受到明显影响；Bacteroidetes 和 Synergistetes 受影响较小；而 Chloroflexi 和 Proteobacteria 的丰度明显增加，表明其具有耐酸、耐铀能力。在处理初始 pH 为 4.5 的含铀（9.6 mg/L）废水后，细菌 Chloroflexi、Bacteroidetes、Proteobacteria、Firmicutes 和 Synergistetes 相对丰度分别为 43.2%、35.9%、13.0%、4.1%和 1.4%。这 5 种细菌都曾在含铀地下水或沉积物中出现，且具有较高的丰度（Suriya et al.，2017；Hu et al.，2016；Lopez-Fernandez et al.，2015）。因此，推测它们形成的微生物群落是厌氧颗粒污泥耐酸、耐铀的基础。

2. 属水平微生物群落结构演变

在属水平上,将丰度大于 1% 的优势细菌绘制成颜色变化的热图,结果如图 5.26 所示。其中 *Proteiniphilum* 丰度下降最明显,其在接种厌氧颗粒污泥中相对丰富为 38%,处理初始 pH 为 6.5、5.5 和 4.5 的含铀(9.6 mg/L)废水后,相对丰度分

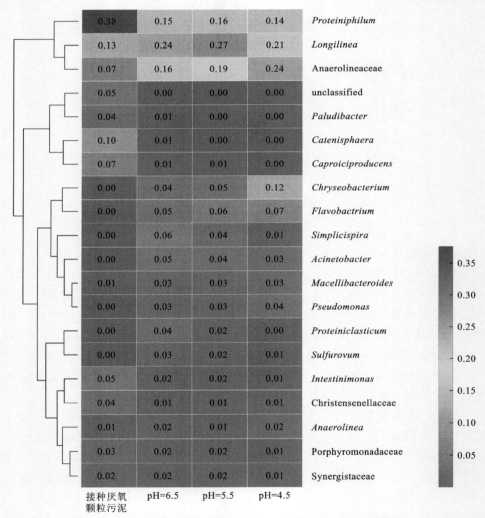

图 5.26　厌氧颗粒污泥属水平上细菌群落的组成相对丰度热图

部分细菌未鉴定到属

红色表示丰度较高,绿色表示丰度较低。pH=6.5~4.5 分别表示处理在初始 pH 为 6.5、5.5、4.5 下处理 9.6 mg/L 含铀废水后的厌氧颗粒污泥(扫封底二维码见彩图)

别为 15%、16% 和 14%。*Catenisphaera*、*Caproiciproducens* 和 *Paludibacter* 比例从接种污泥的 10%、7% 和 4%，分别下降至 1% 或者几乎检测不到。其他几种细菌，如 *Intestinimonas*、Christensenellaceae、Porphyromonadaceae 和 Synergistaceae，在接种污泥中的比例分别为 5%、4%、3% 和 2%；处理初始 pH 为 6.5、5.5 和 4.5 的酸性含铀（9.6 mg/L）废水后，比例下降至 1%～2%。这些细菌之前也未在含铀废水处理中报道过。

经过初始 pH 为 6.5、5.5 和 4.5 的含铀（9.6 mg/L）废水处理后，一些菌属的比例上升明显，如 *Longilinea* 从接种厌氧颗粒污泥中的 13%，上升至 24%、27% 和 21%。Anaerolineaceae 也从 7% 升高至 16%、19% 和 24%。*Chryseobacterium* 菌在接种厌氧颗粒污泥中低于 0.1%，而在酸性含铀废水刺激下，相对丰度升高至 14%、5% 和 12%。*Flavobacterium* 也类似，从低于 0.1% 升高至 5%～7%。因此，从群落结构演变过程来看，这些细菌具有耐酸、耐铀性能。而其他一些细菌，如 *Simplicispira*、*Acinetobacter*、*Macellibacteroides*、*Pseudomonas*、*Sulfurovum* 和 *Anaerolinea* 等，处理酸性含铀废水后，其相对丰度也有不同程度的增加。Mumtaz 等（2013）曾从澳大利亚北部的 Ranger 铀矿土壤中分离出 *Chryseobacterium*。*Simplicispira* 也曾在美国科罗拉多州 Rifle 地区某铀污染水样中被检测到（Fakra et al.，2018）。*Acinetobacter* 之前被报道在铀尾矿中出现（Islam et al.，2011b），具有强大的固铀能力（Islam et al.，2016）。*Pseudomonas* 也具有良好的铀污染生物处理或修复效果（Zinicovscaia et al.，2017；Deng et al.，2017）。Handley 等（2012）发现 *Sulfurovum* 在铀污染沉积物中为优势菌属。这些研究表明，Anaerolineaceae、*Chryseobacterium*、*Acinetobacter*、*Pseudomonas* 和 *Sulfurovum* 为典型的耐铀菌属；在厌氧颗粒污泥中，它们菌属丰度上升明显或占优势，是其中的功能菌群。

3. 微生物丰度差异性分析

经过 Fisher 精确检验，分析处理初始 pH 为 6.5 和 4.5 的含铀废水后厌氧颗粒污泥中相对丰度在前 20 的细菌的菌属丰度差异，结果如图 5.27 所示。*Proteiniphilum*、*Macellibacteroides*、*Anaerolinea*、Synergistaceae、*Petrimonas* 和 Christensenellaceae 的丰度没有明显差异（$P>0.05$），这表明 pH 不同没有造成菌属丰度的变化。

而另外有 13 种细菌丰度差异十分明显（$P \leqslant 0.001$），*Pseudomonas* 的丰度在 pH 为 6.5 和 4.5 的厌氧颗粒污泥中也存在明显差异（$0.01<P \leqslant 0.05$）。因此，大部分细菌丰度受到初始 pH 的影响。与初始 pH 为 6.5 含铀废水处理的厌氧颗粒污泥不同，pH 为 4.5 的厌氧颗粒污泥中 5 种细菌丰度增加明显，它们是 Anaerolineaceae、*Chryseobacterium*、*Flavobacterium*、*Brevundimonas* 和 *Janthinobacterium*。

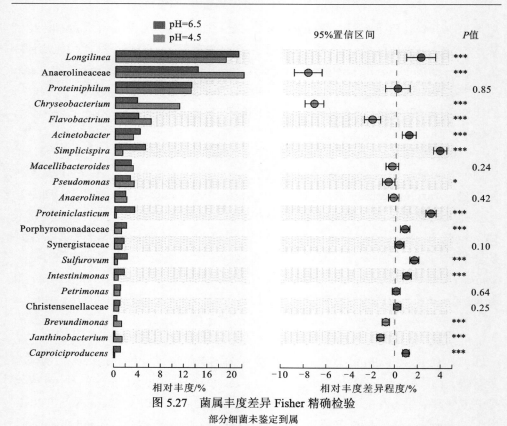

图 5.27　菌属丰度差异 Fisher 精确检验

部分细菌未鉴定到属

pH=6.5 和 4.5 表示在初始 pH 为 6.5 和 4.5 下处理 9.6 mg/L 含铀废水的厌氧颗粒污泥；

*表示 0.01<P 值≤0.05，***表示 P 值≤0.001

Ham 等（2017）报道 Anaerolineaceae 在 CO_2 释出的地下深水层中为优势菌属，此时 pH 为 4.5～6.2。Grandbois 等（2018）发现 *Chryseobacterium* 能够在低 pH（≤5）去除 Mn^{2+}。Sun 等（2016）发现 *Flavobacterium* 在我国西南某酸性锑矿污染水域中具有很高的丰度。而 *Brevundimonas* 对 Cd 具有良好的吸附性能，能够适应较强酸性环境（pH 为 2.0～4.0）（Masoudzadeh et al.，2011）。以上分析结果表明，这些细菌能够耐受酸性、重金属污染环境，这也是它们能够在 pH 为 4.5 的含铀废水中相对丰度升高的原因。

　　统计接种厌氧颗粒污泥、处理初始 pH 为 6.5 含铀废水后厌氧颗粒污泥中菌属丰度在前 20 的菌属，比较它们的丰度差异性，结果如图 5.28 所示。其中 18 个菌属丰度差异非常显著（$P≤0.001$）。这说明在铀胁迫下，微生物菌属丰度差异非常明显，这和 Beta 多样性分析结果（图 5.23）一致。

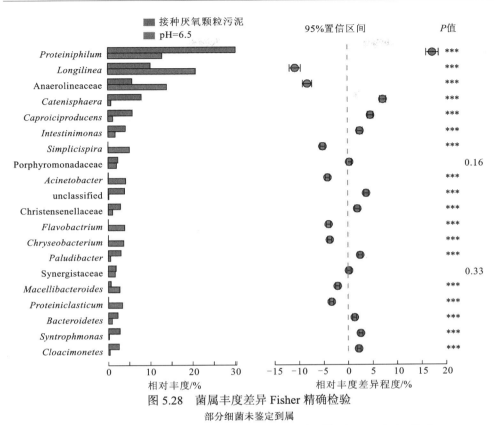

图 5.28　菌属丰度差异 Fisher 精确检验

部分细菌未鉴定到属

pH=6.5 表示在初始 pH 为 6.5 下处理 9.6 mg/L 含铀废水的厌氧颗粒污泥；***表示 P 值≤0.001

5.5　本章小结

　　本章分析了某柠檬酸废水内循环（IC）厌氧反应塔中厌氧颗粒污泥群落组成，主要包括 4 大类，分别为：将有机物水解发酵菌群，*Paludibacter*、*Parabacteroides*、Erysipelotrichaceae、*Clostridium*、*Phascolarctobacterium*、*Aminobacterium*、*Saccharofermentans* 与 *Alkaliflexus*（所占比例之和为 24.93%）；产氢产乙酸菌群，*Petrimonas* 与 *Syntrophomonas*（所占比例之和为 34.89%）；产甲烷菌，*Methanosaeta*（3.44%）；可耐受工业废水毒害的微生物菌群，*Levilinea*、*Longilinea* 与 *Thermovirga*（所占比例之和为 14.62%）。由多种功能菌群组成的厌氧颗粒污泥是处理高浓度柠檬酸废水的基础。

在室温（25℃）、初始 pH 为 6.0 及投加湿污泥 2.0 g 条件下，反应 24 h 后，厌氧颗粒污泥对 U(VI)初始浓度为 9.6 mg/L 含铀废水的 U(VI)去除率最高（95.1%）。在 pH 为 6 的条件下，厌氧颗粒污泥对铀的去除效果最好；厌氧颗粒污泥具有良好的耐酸能力，能够适应低 pH 条件，在 pH 为 4.5 条件下，反应 24 h 后对铀的去除率达到 90%以上。在 1.0～3.0 g/L 厌氧颗粒污泥投加量范围内，增大投加量有利于对铀的去除；而添加 SO_4^{2-} 也有利于铀的固定及还原。

与接种厌氧颗粒污泥相比，处理不同浓度含铀废水之后的一些菌属如 *Pseudomonas*、*Acinetobacter*、*Parabacteroides*、*Brevundimonas*、*Sulfurovum* 和 *Trichococcus* 显著增加，这说明这些细菌具有良好的耐铀能力。群落组成中的绝大部分优势菌属丰度均发生了显著变化，具有耐铀作用的微生物在群落中所占比例上升，表现出较强铀还原、固定效果，成为优势菌属；不能抵抗铀毒害的微生物菌属所占比例下降或者消失，在群落中的作用弱化。

酸性（pH=4.5）条件下厌氧颗粒污泥仍具有较高的铀去除效果，表现出耐酸、耐铀能力。厌氧颗粒污泥处理含铀废水后，微生物菌属丰度差异非常明显，其中 Anaerolineaceae、*Chryseobacterium*、*Flavobacterium*、*Brevundimonas*、*Janthinobacterium* 等菌属能够耐受酸性、重金属污染环境，相对丰度增加。另外一些细菌如 *Simplicispira*、*Acinetobacter*、*Macellibacteroides*、*Pseudomonas*、*Sulfurovum* 和 *Anaerolinea* 等，相对丰度也有不同程度的增加。

第6章 硫酸盐还原颗粒污泥除铀效果与群落结构特征

硫酸盐还原菌对重金属具有良好的去除能力，在含铀废水处理中也发挥着重要作用。*Desulfococcus*、*Desulfobacterium* 和 *Desulfovibrio* 是常见的硫酸盐还原菌菌属，在厌氧条件下，它们利用硫酸盐作为终端电子受体，将有机物降解，同时将硫酸盐还原产生 S^{2-}，将溶解态 U(VI) 还原成难溶性的 U(IV)（Zhang et al.，2017a；Beyenal et al.，2004）。第 5 章已经发现处理工业废水的厌氧颗粒污泥具有较强耐铀能力，经过驯化，促使其成为具有较强硫酸盐还原功能的厌氧颗粒污泥，本章将主要考察硫酸盐还原颗粒污泥对 U(VI) 的去除能力、机理及其中微生物群落结构。

6.1 硫酸盐还原颗粒污泥除铀效果

6.1.1 硫酸盐还原颗粒污泥驯化

从某柠檬酸厂的 IC 反应器中取厌氧颗粒污泥，以供驯化培养。称取 80 g 湿颗粒污泥，去离子水淘洗过筛（60 目）后，迅速接种于含有 600 mL 驯化培养基的 1 L 锥形瓶中，培养基（单位：mg/L）配方为：$C_6H_{12}O_6 \cdot H_2O$（3 300）、Na_2SO_4（4 437）、NH_4Cl（230）、KH_2PO_4（65）、$NaHCO_3$（1 250）、酵母浸膏（500）、$FeSO_4 \cdot 4H_2O$（32）、$CaCl_2 \cdot 2H_2O$（38）、$MgSO_4 \cdot 7H_2O$（42）、$CuCl_2 \cdot 2H_2O$（0.5）、$ZnCl_2$（0.5）、$MnCl_2 \cdot 4H_2O$（0.5）、$CoCl_2 \cdot 6H_2O$（10）和 $NiCl_2 \cdot 6H_2O$（0.5）（谢水波 等，2015b）。调整 pH 为 7.2 ± 0.2，密封锥形瓶，在 35 ℃ 恒温箱中振荡培养（转速为 120 r/min）；每隔 2 d 更换一次培养基，保持进水化学需氧量（chemical oxygen demand，COD）、N 和 P 的比例为 200:5:1，COD 和 SO_4^{2-} 的比例为 1:1。

经过测定，取回的厌氧颗粒污泥的 VSS 为 0.05 g/g 湿污泥，VSS/TSS 为 0.617；经过上述 3 个月时间的连续驯化，污泥的 VSS 为 0.051 g/g 湿污泥，VSS/TSS 为

0.706，这表明在驯化过程中，厌氧颗粒污泥中微生物的量有所增加。硫酸盐去除率也从刚开始的 61.3%，提高至 81.5%左右，说明厌氧颗粒污泥中硫酸盐还原菌成为优势菌属（马华龙，2014）。

6.1.2　铀去除实验

谢水波等（2015a）研究发现，在微氧条件下，硫酸盐还原颗粒污泥去除 U(VI)过程分为两步：前 30 min 以吸附作用为主；30 min 后微生物还原/沉淀作用占主导。初始 pH 为 5.0 时，初期硫酸盐还原颗粒污泥对 U(VI)吸附去除效果可达 87.48%，最终的 U(VI)去除效果能够达到 98.89%。在此探讨 U(VI)初始浓度、COD、SO_4^{2-}、Cu^{2+}、Fe^0 等对硫酸盐还原颗粒污泥去除 U(VI)的影响。

1. U(VI)初始浓度对 U(VI)去除的影响

铀矿地浸、堆浸或铀尾矿渗出废水中铀浓度一般在 5 mg/L 以下，少数情况下，含铀废水浓度可达 10~20 mg/L（Wu et al.，2018；Hu et al.，2016）。为了充分考察硫酸盐还原颗粒污泥对铀的去除效果，考察初始 pH 为 6.0、不同 U(VI)初始浓度（5 mg/L、10 mg/L、20 mg/L 和 30 mg/L）下 U(VI)的去除效果，结果如图 6.1所示。经过 69 h，铀初始浓度为 20 mg/L 和 30 mg/L 的实验组 U(VI)的去除率最高，分别达到99.2%和99.3%；而铀初始浓度为 5 mg/L 和 10 mg/L 的实验组的 U(VI)去除率最高达 94.6%和 97.1%。因此，硫酸盐还原颗粒污泥对 5~30 mg/L 的含铀废水均有良好的处理效果，后续实验选择 U(VI)初始浓度为 20 mg/L 进行。

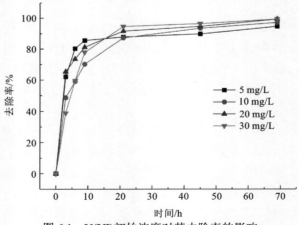

图 6.1　U(VI)初始浓度对其去除率的影响

2. COD 浓度对 U(VI)去除的影响

在 U(VI)初始浓度为 20 mg/L、SO_4^{2-} 质量浓度为 300 mg/L 条件下，考察不同浓度 COD（300～1 500 mg/L，以葡萄糖配置）溶液中 U(VI)的去除效果，结果如图 6.2 所示。在前 21 h，随着 COD 质量浓度从 300 mg/L 升高到 1 500 mg/L，U(VI)去除率增大。COD 质量浓度为 1 500 mg/L 时，颗粒污泥在 21 h 内对 U(VI)去除率达到 95%；45 h 后三个实验组的 U(VI)去除率基本一致，最终去除率均达到 97%以上。未添加有机物的对照组（COD 质量浓度为 0 mg/L）的 U(VI)去除速率较缓慢，21 h 后去除率不到 80%。由此推测，添加有机物有利于增强微生物活性，促进生物还原作用，提高铀去除效果。

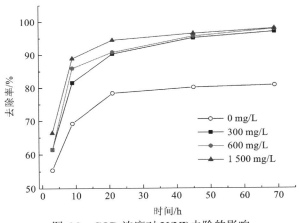

图 6.2　COD 浓度对 U(VI)去除的影响

3. SO_4^{2-} 浓度对 U(VI)去除的影响

在 COD 质量浓度为 300 mg/L 条件下，考察不同 SO_4^{2-} 浓度对 20 mg/L 含 U(VI)废水的处理效果，结果如图 6.3 所示。在前 3 h，随着 SO_4^{2-} 质量浓度从 50 mg/L 升高到 1 500 mg/L，硫酸盐还原颗粒污泥对 U(VI)的去除率增加迅速。9 h 后添加 1 500 mg/L SO_4^{2-} 的实验组已基本完成对 U(VI)的去除，而 SO_4^{2-} 质量浓度为 50 mg/L、100 mg/L 和 300 mg/L 的实验组的 U(VI)去除率分别为 87.13%、87.91%和 90.95%，SO_4^{2-} 质量浓度为 0 mg/L 的对照组的 U(VI)去除率仅为 71.42%。这说明 SO_4^{2-} 可促进硫酸盐还原颗粒污泥对铀的去除效果，推测原因是 SO_4^{2-} 被微生物还原为 S^{2-}，可与铀形成沉淀，促进 U(VI)的去除。

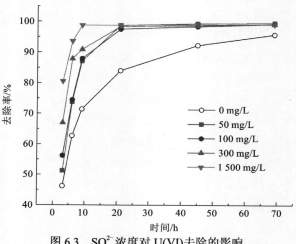

图 6.3 SO_4^{2-} 浓度对 U(VI)去除的影响

4. pH 对 U(VI)去除的影响

考察初始 pH 为 2~6 对 U(VI)去除效果的影响,结果如图 6.4 所示。前 30 min,初始 pH 为 2~6 的去除率分别为 11.53%、37.57%、64.04%、87.48%和 24.98%;pH 在 2~5 时,初期吸附量随 pH 增加而增大。初始 pH 为 2 的实验组,U(VI)最终去除率仅为 35%左右;初始 pH 在 3~6 的实验组,21 h 后铀的去除率已趋于一致,经过 69 h 后 U(VI)的去除率都达到 98%以上。这可能是硫酸盐还原颗粒污泥结构密实,对溶液 pH 有一定的缓冲作用,且存在多种微生物可以进行铀的吸附或还原。pH 不仅影响颗粒污泥表面的电性,而且影响 U(VI)的存在形态和微生物的代谢活性,最终影响 U(VI)的去除效果。

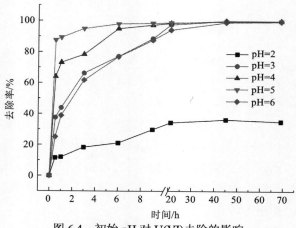

图 6.4 初始 pH 对 U(VI)去除的影响

5. 硫酸盐还原颗粒污泥投加量对 U(VI)去除的影响

设置硫酸盐还原颗粒污泥投加量为 0 g/L、3 g/L、6 g/L、12 g/L、24 g/L，考察 U(VI)的去除效果，结果如图 6.5 所示。U(VI)的去除率随硫酸盐还原颗粒污泥投加量的增加而逐渐增大。当反应进行到 21 h 时，硫酸盐还原颗粒污泥投加量为 3 g/L、6 g/L、12 g/L、24 g/L 的实验组的 U(VI)去除率分别为 57.08%、76.93%、88.00%和 94.54%。当反应进行到 69 h 时，颗粒污泥投加量为 6 g/L、12 g/L 和 24 g/L 时，U(VI)的去除率均大于 92.8%。硫酸盐还原颗粒污泥投加量为 0 g/L 的对照组的 U(VI)几乎没有被去除。投加量为 12 g/L 的灭活对照组在前 3 h 内 U(VI)去除率快速升高到 30%左右，此后持续升高到 70%，说明灭活的硫酸盐还原颗粒污泥对铀也具有吸附作用。

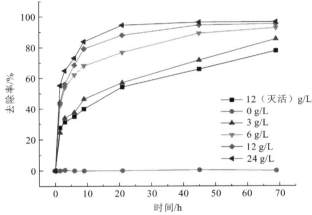

图 6.5　硫酸盐还原颗粒污泥投加量对 U(VI)去除的影响

6. Cu^{2+} 对 U(VI)去除的影响

在 U(VI)初始浓度为 20 mg/L，COD 和 SO_4^{2-} 质量浓度均为 300 mg/L 条件下，考察 Cu^{2+} 对 U(VI)去除的影响，结果如图 6.6 所示。当 Cu^{2+} 质量浓度小于 100 mg/L 时，U(VI)去除效果与未添加 Cu^{2+} 的对照组相比差异很小，69 h 后 U(VI)的去除率达 98%，说明 100 mg/L 以下的 Cu^{2+} 对 U(VI)去除的影响不大。当 Cu^{2+} 质量浓度升高至 200 mg/L 时，U(VI)的最终去除率仅为 77%左右，这与 Jalali 等（2000）发现 150 mg/L 的 Cu^{2+} 即可抑制 SRB 活性的结论一致。然而 200 mg/L Cu^{2+} 的实验组在前 3 h 内的 U(VI)去除率比其他组要高，推测是 SRB 还原 SO_4^{2-} 产生的 H_2S 与 Cu^{2+} 生成 Cu_2S 沉淀，对 U(VI)有絮凝沉淀作用。另外，硫酸盐还原颗粒污泥对

Cu^{2+}也有很好的去除能力（图 6.7）。当 Cu^{2+}质量浓度低于 50 mg/L 时，Cu^{2+}去除率可达 99.5%；当 Cu^{2+}质量浓度为 100 mg/L 时，最终 97.1%的 Cu^{2+}被去除。因此，硫酸盐还原颗粒污泥对 U(VI)和 Cu^{2+}都有很好的去除效果。

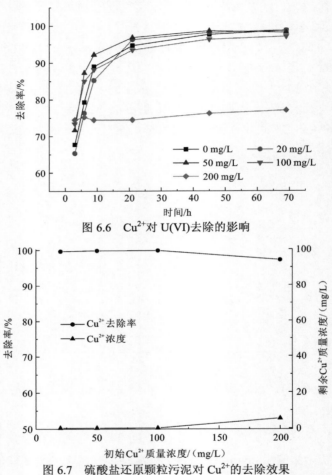

图 6.6　Cu^{2+}对 U(VI)去除的影响

图 6.7　硫酸盐还原颗粒污泥对 Cu^{2+}的去除效果

7. 零价铁（Fe^0）对 U(VI)去除的影响

在 U(VI)初始浓度为 20 mg/L、COD 和 SO_4^{2-} 质量浓度均为 300 mg/L 条件下，投加 1 g/L Fe^0，考察其对 U(VI)去除的影响，结果如图 6.8 所示。Fe^0 和硫酸盐还原颗粒污泥均可单独去除溶液中的 U(VI)，其中硫酸盐还原颗粒污泥在 21 h 时对 U(VI)的去除率约为 94%；而 Fe^0 在 21 h 时对 U(VI)的去除率约为 88%。同时投加 Fe^0 和硫酸盐还原颗粒污泥的实验组的 U(VI)去除最快，在 9 h 即完成 98%的 U(VI)

的去除，在 21 h 内达到 100%。因此，Fe⁰ 有助于硫酸盐还原颗粒污泥对 U(VI)的去除作用。

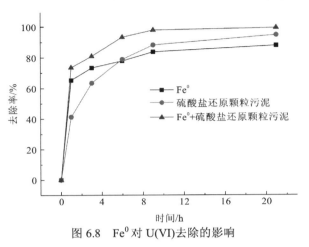

图 6.8　Fe⁰ 对 U(VI)去除的影响

8. 硫酸盐还原颗粒污泥处理 U(VI)的序批式实验

在上述影响因素基础上，考察硫酸盐还原颗粒污泥在较长时间内的除铀效果。按 10%（w/v）将厌氧颗粒污泥接种到 100 mL 含 20 mg/L 铀的人工废水中，pH 调整到 6，在摇床上以 150 r/min 培养，每隔 6 d 更换培养液，运行 4 个阶段，铀去除结果如图 6.9 所示。在第 I 阶段的第 1 d，U(VI)去除率达到 95.6%，在第 6 d 上升到 98%，显示出良好的铀去除能力。更换培养液后（进水铀质量浓度保持

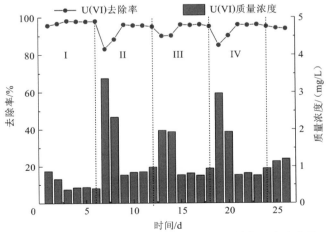

图 6.9　硫酸盐还原颗粒污泥处理 20 mg/L 铀人工废水实验

20 mg/L），在第 II 阶段的第 1 d，U(VI)去除率只有 83.1%，剩余铀质量浓度为 3.4 mg/L，再过 2 d，铀去除率上升到 95.1%，此时剩余铀质量浓度低于 1.0 mg/L。在第 III、IV 阶段，出现相似的情况，即在更换培养液之后，铀去除率会下降，经过 2 d 左右的时间，铀去除率又上升。在第 IV 阶段末期，铀去除率保持在 94%。

Tapia-Rodriguez 等（2010）用产甲烷颗粒污泥进行除铀，在有机物浓度充分的情况下，0.4 mmol/L 的铀几乎都能被去除，但未提及其中微生物群落结构信息。Beyenal 等（2004）报道 *Desulfovibrio desulfuricans* G20（一种常见的 SRB）对铀具有很好的固定效果，推测 SRB 是硫酸盐还原颗粒污泥中的除铀功能菌群。陈华柏等（2014）研究发现 1 h 内颗粒污泥粉末对 10 mg/L U(VI)溶液中 U(VI)的去除率可达 93%以上，去除过程主要通过羟基、氨基和羧基发挥吸附作用，并推测在硫酸盐颗粒污泥中固铀机理包括吸附、还原作用。硫酸盐还原颗粒污泥连续运行 4 个阶段（共 26 d），每阶段对 20 mg/L 含铀废水平均铀去除率在 92.4%～97.4%，表明其具有处理高浓度含铀废水的潜力。

6.2　硫酸盐还原颗粒污泥除铀机理

6.2.1　硫酸盐还原颗粒污泥微观结构特征

在第 IV 阶段结束后，通过 ESEM-EDS 检测硫酸盐还原颗粒污泥微观形态结构及元素组成，结果如图 6.10 所示。放大 500 倍[图 6.10（a）]的硫酸盐还原颗粒污泥存在明显的蜂窝状结构。经过 5 000 倍放大观察[图 6.10（b）]，发现处理高浓度含铀废水后，大部分硫酸盐还原颗粒污泥细胞形态完整，以短杆状为主。

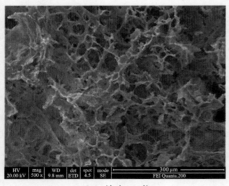
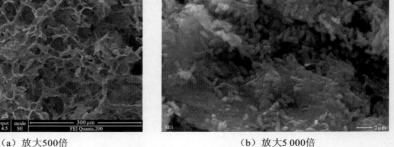

（a）放大500倍　　　　　　　　　　（b）放大5 000倍

图 6.10　处理 20 mg/L U(VI)的硫酸盐还原颗粒污泥微观形态结构

这些细菌形态与此前耐铀的厌氧颗粒污泥形态不同，此前大多数为球形细菌（曾涛涛 等，2016b），说明经过硫酸盐驯化后，主要优势菌群发生了变化。EDS 显示主要元素组成为 O（19.45%）、P（4.63%）和 S（3.91%），U 元素质量分数为 1.85%，表明铀被固定在硫酸盐还原颗粒污泥上。

6.2.2　硫酸盐还原颗粒污泥官能团特征

硫酸盐还原颗粒污泥处理 U(VI)前后的 FTIR 谱图如图 6.11 所示。处理 U(VI) 前后—OH 的伸缩振动峰位由 3 442.9 cm^{-1} 移动到 3 288.6 cm^{-1}，说明在结合铀酰离子时，O 原子参与络合 UO_2^{2+}，使 O—H 键的键长增大，产生红移。1 649.1 cm^{-1} 处为酰胺 I 带，处理 U(VI)后移动到了 1 656.9 cm^{-1}，说明该处基团与铀发生相互作用。1 240.2 cm^{-1} 处为羧基中 C=O 的弯曲振动和 C—PO_3^{2-} 的 P=O 的伸缩振动，而处理 U(VI)后该处波峰消失，推测羧基和磷酸基参与了铀的吸附（Kazy et al.， 2009）。在 1 200～950 cm^{-1} 是糖类和醇类的 C—O、C—C、C—H 键，以及磷酸基 PO^{2-} 和 $P(OH)_2^{2-}$ 的伸缩振动，微生物细胞的磷脂、核酸、肽聚糖及胞外聚合物包含这些功能基团。处理 U(VI)后 1 197.8 cm^{-1} 处出现一个新峰，1 105.2 cm^{-1} 移向 1 101.4 cm^{-1}，1 033.9 cm^{-1} 移向 1 039.6 cm^{-1}，推测这些变化 U—O 不对称伸缩振动有关（Kazy et al.，2009）。综合分析发现酰胺基、羧基、羟基、磷酸基是与 U(VI) 作用的功能基团。

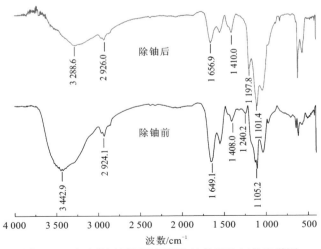

图 6.11　硫酸盐还原颗粒污泥除铀前后的红外光谱图

6.2.3　U(VI)在硫酸盐还原颗粒污泥中的价态分析

通过 X 射线光电子能谱（X-ray photoelectron spectroscopy，XPS）分析硫酸盐还原颗粒污泥上铀元素的价态，结果如图 6.12 所示。在结合能为 380～382 eV 和 392～393 eV 有两处显著的峰位，分别代表 U $4f_{7/2}$ 和 U $4f_{5/2}$ 轨道。经过分峰处理，U $4f_{7/2}$ 处峰可分成 $UO_2[U(IV)]$ 在 380.3±0.4 eV 处的峰和 $UO_3[U(VI)]$ 在 381.6±0.3 eV 处的峰，其含量比约为 5∶1。U $4f_{5/2}$ 处峰可分成由 U_3O_8 在 392 eV 处的峰和 $UO_3[U(VI)]$ 在 392.65±0.15 eV 处的峰，其含量比约为 5∶1。含铀废水经过硫酸盐还原颗粒污泥处理之后，大部分被还原成 U(IV)，也有部分 U(VI)被吸附。因此，硫酸盐还原颗粒污泥去除 U(VI)的机理主要包括生物还原与生物吸附。

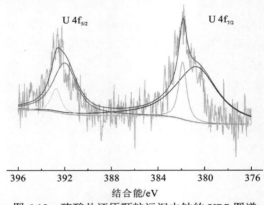

图 6.12　硫酸盐还原颗粒污泥中铀的 XPS 图谱

6.3　硫酸盐还原颗粒污泥微生物多样性及群落结构特征

6.3.1　硫酸盐还原颗粒污泥微生物多样性分析

对高通量测序获得的序列经过质控后，得到有效序列 8290 条，平均序列长度 416.6 bp，Coverage 为 0.96，其他 Alpha 多样性指数详细见表 6.1。根据序列 97%以上相似性，可划分出 605 个 OTU，表明硫酸盐还原颗粒污泥中含有丰富的微生物。Ace 指数和 Chao 指数分别为 2 255.4 和 1 346.1，Shannon 指数和 Simpson

指数分别为 4.0 和 0.05。4 种指数对应的稀疏曲线如图 6.13 所示。这些指数对应的稀疏曲线很快接近或者达到饱和，表明取样深度合理，其具有很高的微生物丰富度与多样性（Suriya et al.，2017），这种多样性也有利于驯化出耐铀微生物（Edberg et al.，2012）。

表 6.1　硫酸盐还原颗粒污泥中微生物多样性的 Alpha 多样性指数

参数	值	参数	值	参数	值
序列数	9 839	OTU 数量	605	Chao 指数	1 346.1
有效序列数	8 290	Coverage	0.96	Shannon 指数	4.0
平均序列长度/bp	416.6	Ace 指数	22 55.4	Simpson 指数	0.05

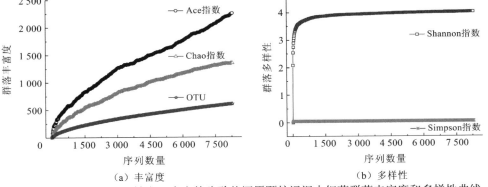

图 6.13　处理 20 mg/L 铀人工废水的硫酸盐还原颗粒污泥中细菌群落丰富度和多样性曲线

6.3.2　硫酸盐还原颗粒污泥微生物群落结构特征

分析硫酸盐还原颗粒污泥中微生物在门水平上的细菌组成及相对丰度，结果如图 6.14 所示。其中 7 个细菌的相对丰度在 0.5%以上，总计比例为 97.9%。其他低于 0.5%的菌用"Others"表示（Zeng et al.，2019a）。

Bacteroidetes 丰度最高，占比达到 42.3%，其次为 Firmicutes，所占比例为 26.6%；Proteobacteria 丰度为 20.7%。在印度高韦里河铀污染沉积物中也发现这三种菌是优势菌，丰度分别为 20.7%、14.58%和 47.49%（Suriya et al.，2017）。硫酸盐还原颗粒污泥中 Chloroflexi、Spirochaetes、Thermotogae 和 Synergistetes 的丰度分别为 5.62%、1.46%、0.77%和 0.58%。

在属水平上共获得 124 种细菌，其中 13 种细菌相对丰度大于 1%，相对丰度低于 1%的用"Others"表示，结果如图 6.15 所示。

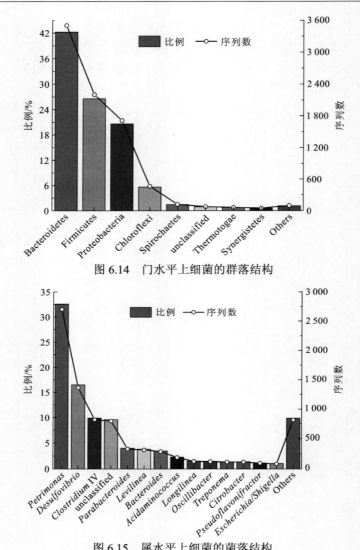

图 6.14 门水平上细菌的群落结构

图 6.15 属水平上细菌的菌落结构

Petrimonas 所占丰度最高，比例为 32.59%。*Desulfovibrio* 为第二大优势菌属，所占比例为 16.48%。在耐铀厌氧颗粒污泥中（5.3 节），*Desulfovibrio* 比例在 0.5% 以下，经过驯化发现其相对丰度大幅提升，说明硫酸盐还原颗粒污泥驯化成功，*Desulfovibrio* 为典型的耐铀功能菌属。*Clostridium* IV 属于 Firmicutes 门，丰度为 9.29%。*Petrimonas* 被报道为重氮染料脱色的一个厌氧−好氧生物反应器中的优势菌群（Zhu et al.，2018）。Stylo 等（2015）发现 *Desulfovibrio* 在生物膜中对铀具有还原和固定作用，其中生物还原为主。而 *Clostridium* sp. 曾被发现具有很强的铀

还原与固定作用（Zhang et al.，2013）。因此推测 *Desulfovibrio* 和 *Clostridium* IV 在硫酸盐还原颗粒污泥中发挥重要的固铀作用。

此外，*Parabacteroides* 和 *Bacteroides* 相对丰度分别为 3.98%和 3.46%。*Bacteroides* 此前在德国 Gittersee/Coschutz 铀尾矿区出现（Akhtar et al.，2017）。*Bacteroides* 和 *Parabacteroides* 属于 Bacteroidales 目细菌，具有发酵或纤维素降解功能，有报道称它们可以降解玉米秸秆，为 SRB 细菌提供合适的电子供体（Zhang et al.，2016）。因此，也可以推测硫酸盐还原颗粒污泥中 *Parabacteroides* 和 *Bacteroides* 能够降解有机物，为 SRB（如 *Desulfovibrio*）提供电子供体，促进其对铀的固定。

Levilinea 和 *Longilinea* 占比分别为 3.80%和 1.53%，它们属于 Chloroflexi 门（Yamada et al.，2009），在有机物降解中发挥重要作用。*Acidaminococcus*、*Oscillibacter* 和 *Treponema* 占比分别为 2.3%、1.48%和 1.41%，这三类细菌此前在河流或海洋生态系统中出现（Lu et al.，2014）。*Citrobacter* 相对丰度为 1.41%，此前被发现是新疆十红滩铀尾矿中的优势菌（Chen et al.，2012）。*Pseudoflavonifractor*（1.16%）和 *Escherichia/Shigella*（1.05%）未曾在处理含铀废水的研究中被报道。

将硫酸盐还原颗粒污泥的优势菌和此前取样中厌氧颗粒污泥优势菌进行比对（曾涛涛 等，2016a），结果如表 6.2 所示。*Desulfovibrio* 和 *Parabacteroides* 的相对丰度从低于 1%分别升高至 16.48%和 3.98%。*Clostridium* 比例也从 5.95%升高到 9.29%，因此，这三种细菌在硫酸盐颗粒污泥中具有耐铀能力，处理含铀废水后丰度升高，它们之前也在处理铀的报道中出现（Zhang et al.，2016；Stylo et al.，2015；Zhang et al.，2013）。相反地，*Levilinea* 的相对丰度从 11.42%下降到 3.8%，其他一些菌的相对丰度也下降明显（表 6.2），这些丰度下降的细菌受到铀的影响。因此，在铀胁迫下，丰度上升的细菌大多具有耐铀能力，而丰度下降的细菌耐铀能力较弱。

表 6.2 厌氧颗粒污泥处理含铀废水前、后菌属丰度变化

污泥	微生物菌属	相对丰度/%
接种颗粒污泥	*Petrimonas*	32.14
	Levilinea	11.42
	Erysipelotrichaceae（未鉴定到属）	7.68
	Paludibacter	7.17
	Clostridium	5.95
	Methanosaeta	3.44
	Syntrophomonas	2.75
	Longilinea	2.20
	Phascolarctobacterium	1.63
	Thermovirga	1.00

续表

污泥	微生物菌属	相对丰度/%
	Petrimonas	32.59
	Desulfovibrio	16.48
	Clostridium IV	9.29
	Parabacteroides	3.98
	Levilinea	3.80
处理含铀废水厌氧颗粒污泥	*Bacteroides*	3.46
	Acidaminococcus	2.30
	Oscillospira	1.48
	Treponema	1.41
	Citrobacter	1.41
	Pseudoflavonifractor	1.16
	Escherichia/Shigella	1.05

6.4 硫酸盐还原颗粒污泥的应用潜力

硫酸盐颗粒污泥具有良好的耐铀能力，对 20 mg/L 含铀人工废水的 U(VI)去除能力在 92.4%～97.4%，说明其内部本身具有较多的铀还原或铀固定细菌（Tapia-Rodriguez et al.，2010）；Nancharaiah 等（2006）也曾报道颗粒污泥对酸性 pH（1～6）含铀（6～100 mg/L）废水具有高效的去除效果，1 h 内几乎全部去除，表明颗粒污泥在含铀废水处理中具有重要作用。本书研究也说明厌氧颗粒污泥或硫酸盐还原颗粒污泥具有良好的耐铀能力，其中的优势细菌发挥重要作用，具备应用在酸性矿山含铀废水、铀污染地下水处理的潜力。

微生物群落结构是厌氧颗粒污泥耐铀的基础，也是其能够应用于铀污染修复的关键。Coral 等（2018）研究了酸性矿山含铀废水原位修复，发现其中优势菌为 *Sulfobacillus* sp.、*Leptospirillum* sp.和 *Acidithiobacillus* sp.。Stylo 等（2015）发现 *Desulfovibrio* 在生物膜中对铀具有还原和固定作用，其中生物还原是主要作用。而 *Clostridium* sp.之前被发现具有很强的铀还原和固定作用（Zhang et al.，2013）。*Bacteroides* 此前在德国 Gittersee/Coschutz 铀尾矿区出现（Akhtar et al.，2017）；*Citrobacter* 曾被发现是新疆十红滩铀尾矿中的优势菌（Chen et al.，2012）。因此，以 *Desulfovibrio*、*Clostridium* IV、*Bacteroides* 和 *Citrobacter* 为优势菌的硫酸盐还原颗粒污泥具有耐铀的微生物基础，这是它具有良好铀去除效果的原因。之前关于厌氧颗粒污泥除铀的研究只有少数几篇报道（Zhang et al., 2017b; Tapia-Rodriguez et al., 2010），其中对功能微生物的研究也较缺乏。本书关于耐酸、耐铀的硫酸盐还原颗粒污泥群落结构的报道填补了这方面的空白。

6.5　本章小结

以某柠檬酸厂 IC 反应器中厌氧颗粒污泥为基础进行驯化，富集以硫酸盐还原为优势菌的硫酸盐还原颗粒污泥。当 COD 和 SO_4^{2-} 质量浓度小于 1 500 mg/L 时，可促进硫酸盐还原颗粒污泥对 U(VI) 的去除；Cu^{2+} 会抑制硫酸盐还原的活性，从而影响硫酸盐还原颗粒污泥除 U(VI) 的效果；Fe^0 具有还原 U(VI) 的作用，还可加速水中的微量溶解氧的消耗，为硫酸盐还原颗粒污泥还原 U(VI) 创造厌氧环境。FTIR、SEM-EDS 分析表明，铀沉积在硫酸盐还原颗粒污泥表面，酰胺基、羧基、羟基、磷酸基等是与铀发生作用的官能团，同时 UO_2^{2+} 也可以与 Na^+、Mg^{2+} 等金属离子发生离子交换。XPS 分析表明，U(VI) 去除机理包括生物吸附和生物还原作用。

微生物群落结构分析发现，门水平上 Bacteroidetes 丰度最高，占比达到 42.3%，其次为 Firmicutes 和 Proteobacteria，相对丰度分别为 26.6% 和 20.7%。属水平上，*Petrimonas* 丰度最高，比例为 32.59%。其他优势菌有 *Desulfovibrio*（16.48%）、*Clostridium* IV（9.29%）、*Parabacteroides*（3.98%）、*Bacteroides*（3.46%）、*Citrobacter*（1.41%）等。这些研究结果说明硫酸盐还原颗粒污泥具有良好的耐铀能力，在酸性矿山含铀废水、铀污染地下水处理方面具有良好的应用潜力。

第7章 生物硫铁除铀效果与微生物群落结构特征

微生物（如 SRB、希瓦氏菌等）利用底物中的铁合成纳米硫化铁（FeS），这种 FeS 能够吸附去除废水中的铜、锌、镍等多种重金属离子；而在重金属去除过程中，微生物与 FeS 均发挥作用，将这种微生物与其产物 FeS 联合去除重金属的材料称为生物硫铁复合材料。生物硫铁复合材料对重金属有较高的吸附、去除效果，有学者制备出生物硫铁处理含 Cu^{2+}、Pb^{2+}、Cd^{2+} 的重金属废水，结果发现 2 min 内对 Cu^{2+}、Pb^{2+}、Cd^{2+} 的去除率达 99.8%以上，说明生物硫铁具有良好的重金属去除能力（罗丽卉 等，2012b）。

微生物法制备纳米硫化铁的成本较低，Zhou 等（2014a）研究了脱硫弧菌产硫化铁的生长条件，较低 pH 可促进四方硫铁矿的大量生产；游离硫浓度较高（29.3 mmol/L）时，会促进四方硫铁矿转化为 Fe_3S_4；足够的游离 Fe^{2+} 将促使产生额外的蓝铁矿 $[Fe_3(PO_4)_2 \cdot 8(H_2O)]$。Kim 等（2011）研究了以金属还原细菌合成的直径约 10 nm 的磁铁矿-有机络合物纳米颗粒，该颗粒表面被有机物包围，具有丰富的活性羧基官能团。李红等（2013）研究 SRB S-1-7 在酒精废水培养基上合成的生物硫铁复合材料，在 pH 为 4.0、25℃条件下，在 4 min 内对含铜废水的去除率高达 99.8%。

谢翼飞等（2009b）检测了制备出的生物硫铁复合材料的主要组分，发现其以无定形 FeS 和四方硫铁矿为主，在 25℃、pH 为 3、生物硫铁与 Cr(VI) 的物质的量比为 1.171 时，10 min 内即可将 0.03 mol/L 含 Cr(VI) 废水处理达排放标准。对生物硫化铁复合物的耐 Cr(VI) 性和再生特性继续分析发现，其可以耐 600 mg/L 的 Cr(VI) 并可逐渐将它还原（Xie et al.，2013）。罗丽卉等（2012a）用 Hungate 方法分离获得一株硫酸盐还原菌（SRB2），并制备出生物硫铁复合材料，在 35℃、pH 为 4.0、生物硫铁投加量 0.6661 g、搅拌速度 100 r/min 时，2 min 内可以去除废水中 99.9%以上的 Cu^{2+}，其主要作用机理为化学置换。Lee 等（2014）研究发现，SRB 通过形成金属硫化物，并以此为媒介，促使溶解态 U(VI) 转化形成 U(IV) 胶体，共存金属阳离子（如 Ni 和 Cu）会影响该过程。Veeramani 等（2013）通过腐败希瓦氏菌合成了生物四方硫铁，并对 U(VI)进行处理，发现有纳米 UO_2 颗粒的形成。Moon 等（2009）通过实验发现硫化铁沉淀充当缓冲剂，可以防止生物还原后的 U(IV)被氧化。Bi 等（2014）也发现，生物还原形成的铁硫化物可作为氧气清除剂，抑制 UO_2 被氧化。

根据已有研究进展，本章将从某池塘中采集厌氧底泥，分析其处理不同浓度含铀废水的效果与微生物群落结构特征，并从中富集出以硫酸盐还原菌为优势菌属的厌氧微生物菌群，制备出生物硫铁复合材料，以此处理含铀废水；分析生物硫铁复合材料中的微生物群落结构，并解析其应对不同温度、不同铀浓度下微生物群落动态演变特征，揭示其除铀机理，为生物硫铁复合材料在含铀废水处理中的应用提供微生物理论基础。

7.1　厌氧底泥除铀效果与微生物群落结构特征

7.1.1　材料与方法

1. 厌氧底泥除铀实验

厌氧底泥取自某景观池底，通过 250 μm 滤筛过滤，去除大的颗粒物。按以下配置培养基（Zhou et al.，2014a）：2 g/L $MgSO_4$，1 g/L $CaSO_4$，1 g/L NH_4Cl，0.5 g/L K_2HPO_4，3.5 g/L 乙酸钠，1 g/L 酵母提取物，2 mL/L $(NH_4)_2Fe(SO_4)_2·6H_2O$（5%）。通过 1 mol/L NaOH 调节培养基初始 pH 为 7.0。将 5 g 厌氧底泥接种至装有 100 mL 培养基的厌氧瓶中，其中加入适量的 1 g/L 铀标准溶液，配置 U(VI)浓度为 10～50 μmol/L 的培养基。在 25℃恒温摇床中以 150 r/min 振荡培养 24 h。将菌液经过 6 688 r/min 离心 5 min，取上清液用 0.45 μm 滤膜过滤，采用 5-Br-PADAP 分光光度法，测定溶液中 U(VI)浓度（Hu et al.，2017）。

2. 厌氧底泥除铀后的微观结构分析

厌氧底泥粒径通过激光粒度仪测定，对除铀效果最高的一组样品进行微观结构分析，应用光学显微镜、环境扫描电子显微镜，以及通过高分辨透射电子显微镜及能谱仪（high resolution transmission electron microscopy-energy dispersive spectrometer，HRTEM-EDS）分析样品的微观精细结构与元素组成。样品预处理方法为：用含有 2.5%戊二醛的磷酸钠缓冲液（PBS，0.1 mol/L，pH=7.0）将底泥于 4℃下固定 12 h；用相同的 PBS 溶液洗涤 3 次；之后，将污泥在含 OsO_4 的 PBS 中于 4℃固定 1 h，通过 50%、70%、80%、90%和 100%梯度的乙醇脱水；用环氧树脂包埋后，将脱水后的样品切成超薄样品，再用柠檬酸铅染色，放在铜网上进行 HRTEM 观察（Li et al.，2017）。

采用 300 W Al Kα 辐射，利用 X 射线光电子能谱仪分析底泥元素组成及价态，分析仪模式为 CAE：能量 30.0 eV，能量步长为 0.1 eV。采用 XPS PEAK 4.1 软件进行分峰拟合分析。采用 PCR 引物 341F/805R 作为高通量测序引物，方法与 4.1.2 小节类似（Zeng et al.，2018）。

7.1.2　铀去除效果

厌氧底泥处理不同浓度（10 μmol/L、20 μmol/L、30 μmol/L、40 μmol/L、50 μmol/L）铀溶液 24 h，其铀去除效果如图 7.1 所示。初始浓度为 10 μmol/L 的实验组的铀去除率为 80.7%，初始浓度为 30 μmol/L 的实验组的铀去除率为 96.5%，而 40 μmol/L 与 50 μmol/L 的铀去除率分别为 92.0%和 92.7%。随着铀初始浓度从 10 μmol/L 升高到 50 μmol/L，对应的每克污泥每小时铀去除负荷从 0.03 μmol/L 升高到 0.17 μmol/L。Newsome 等（2014b）从英国 Sellafield 收集了不同岩性的沉积物，经过 90 d，微生物将约 50 μmol/L 的铀还原。因此，本节所用的景观池池底厌氧底泥具有良好的除铀能力。

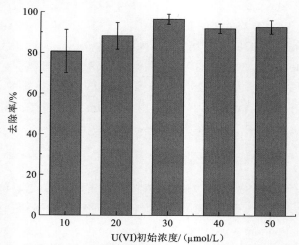

图 7.1　不同铀初始浓度（10～50 μmol/L）下底泥对铀的去除率

7.1.3　厌氧底泥微观特征

1. 厌氧底泥粒径分析

接种底泥及处理不同浓度铀溶液后的底泥粒径如图 7.2 所示。接种底泥平均粒径为（16.6±28.8）μm，处理 10～50 μmol/L 铀之后，粒径明显增大，平均粒径增大到（27.2±31.2）μm 至（51.4±39.0）μm（图 7.2），处理 30 μmol/L 铀的底泥粒径最大。根据粒径变化，推测主要是底泥中微生物将 U(VI)还原或形成沉淀，造成粒径增大。

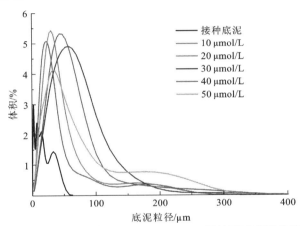

图 7.2　处理不同浓度（10～50 μmol/L）铀溶液后底泥的粒径

2. 厌氧底泥微观形态观察

通过光学显微镜与扫描电镜分析处理 30 μmol/L 铀的底泥微观形态，结果如图 7.3 所示。光学显微镜放大 1 000 倍，观察到其中以短杆菌、球形细菌为主；扫描电镜放大 5 000 倍后，也显示类似结果。

通过高分辨透射电子显微镜（HRTEM）进一步观察沉淀的微观精细结构，并通过 EDS 分析元素组成，结果如图 7.4 所示。底泥在除铀之后出现絮状及细杆形沉淀[图 7.4（a）]；对沉淀进一步放大，发现出现明显的晶格条纹[图 7.4（b）]。Bera 等（1998）比较了铀沉淀物的晶格条纹之间的间距，发现最低有 0.394 nm。而在本章中发现晶格条纹为 0.296 nm，因此推测这些沉淀可能与铁有关。EDS 分析元素组成，发现铀所占比例为 9.32%，证明了底泥的固铀作用。其他元素，如 O、C、Fe、N、P、S，所占比例分别为 33.3%、30.6%、13.2%、8.1%、2.3%和 1.7%，其中，Fe 元素所占比例较高（13.2%），推测其在铀去除中发挥了作用。

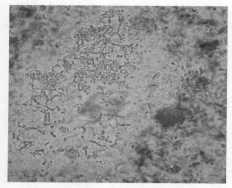

（a）放大1 000倍的光学显微镜图　　　　　（b）放大5 000倍的扫描电子显微镜图

图 7.3　处理 30 μmol/L 铀溶液后底泥的微观形态

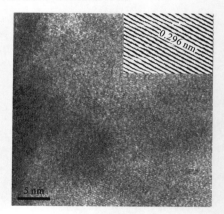

（a）微观形态　　　　　　　　　　　（b）晶格间距

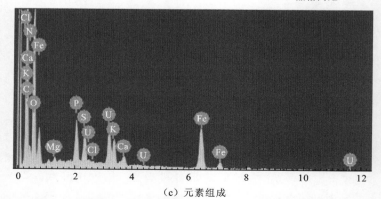

（c）元素组成

图 7.4　HRTEM-EDS 分析处理 30 μmol/L 铀溶液后底泥的

微观形态、晶格间距及元素组成

3. 沉淀价态分析

底泥处理铀溶液形成沉淀的 XPS 总峰结果如图 7.5（a）所示，其中主要元素种类与 EDS 结果类似。U 4f 峰结果如图 7.5（b）所示。根据 XPS 手册分析，U $4f_{5/2}$ 主要包括 393.0 eV 的 U(VI) 和 391.4 eV 的 U(IV)，U $4f_{7/2}$ 包括 382.1 eV 的 U(VI) 和 380.6 eV 的 U(IV)。经过计算，其中 U(VI) 与 U(IV) 比例大致为 7∶3。因此，可以推断底泥对铀的固定机理包括铀还原及吸附，但以吸附作用为主。

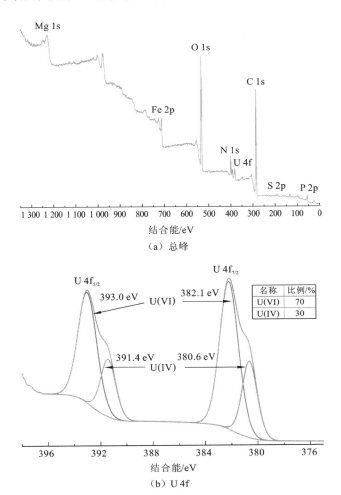

（a）总峰

（b）U 4f

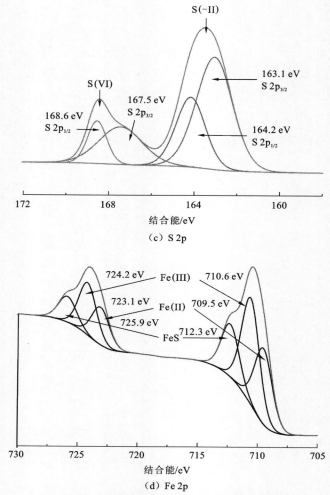

图 7.5　底泥处理铀溶液后形成沉淀的 XPS 图谱

S 2p 结果如图 7.5（c）所示。根据 XPS 手册分析结果，S 2p 峰图主要包括
S(-II)和 S(VI)。因为培养基中只有硫酸根离子存在，推测其中部分 S(VI)被还原成
S(-II)，这正是硫酸盐还原菌作用的结果，因此，硫酸盐还原菌也可促进铀污染
水中 U(VI)的还原（Zhang et al.，2017a；Beyenal et al.，2004）。Wu 等（2010）
也报道过硫化物的浓度会随着铀浓度的下降而上升，这也说明 SRB 是底泥中除
铀功能菌。

Fe 2p 结果如图 7.5（d）所示，包括 Fe(II)、Fe(III)和 FeS 的峰。培养基中铁
元素主要以 Fe(II)形式[$(NH_4)_2Fe(SO_4)_2 \cdot 6H_2O$]存在，这说明部分 Fe(II)被氧化成

Fe(III)，而这过程伴随着 U(VI) 的还原（Zhang et al.，2020）。此前有报道发现在 SRB 作用下会生成 FeS（Zhou et al.，2014a），这也印证了 FeS 峰的形成，FeS 有助于固铀。

7.1.4　微生物群落结构解析

1. 微生物多样性分析

通过高通量测序，底泥处理含铀废水前后每组均获得 32 000 条序列（表 7.1）。平均序列长度为 443～452 bp，与 PCR 引物对应的序列长度一致。6 组样品的 Coverage 均超过 0.999 5，表明了取样深度合理，绝大部分序列信息被挖掘（Suriya et al.，2017）。与接种底泥样本相比，处理含铀废水后样本的 OTU 数量下降明显，表明除铀后微生物种类发生变化。相应的 Rank-Abundance 曲线也反映了这个情况 [图 7.6（a）]，曲线横坐标长度与趋势可分别反映细菌丰度与均一性，接种底泥样本中物种的均一性与丰度均更高。

表 7.1　高通量测序序列分析的 Alpha 多样性指数结果

不同铀浓度（μmol/L）下的样品	序列数量	平均序列长度/bp	OTU 数量	Coverage	Ace 指数	Shannon 指数
接种液	33 002	447	126	0.999 5	134	1.9
U（10）	43 007	444	88	0.999 6	105	2.4
U（20）	41 602	443	102	0.999 6	120	2.5
U（30）	32 099	452	82	0.999 5	93	2.1
U（40）	41 183	445	79	0.999 5	105	2.3
U（50）	34 511	444	69	0.999 6	80	2.2

Ace 指数和 Shannon 指数用来评估细菌丰富度与多样性（Wang et al.，2017）。与接种底泥样本相比，处理 10～50 μmol/L 含铀废水后样本的 Ace 指数明显下降，但 Shannon 指数明显上升（表 7.1）。对应的稀疏曲线也反映了这个情况，接种底泥样本中 Ace 指数曲线最高，但是 Shannon 曲线最低 [图 7.6（b）、（c）]。因此，经过短时间处理含铀废水，微生物丰富度降低，多样性增加。

β-多样性关注微生物群落间的多样性（Yan et al.，2016a）。通过非加权 UniFrac 距离矩阵进行 β-多样性分析，结果如图 7.7 所示。β-多样性结果显示底泥处理铀溶液前后的颜色差异明显，其中处理 50 μmol/L 含铀废水后颜色差异最明显，表明铀浓度越大，对群落多样性的影响越显著。

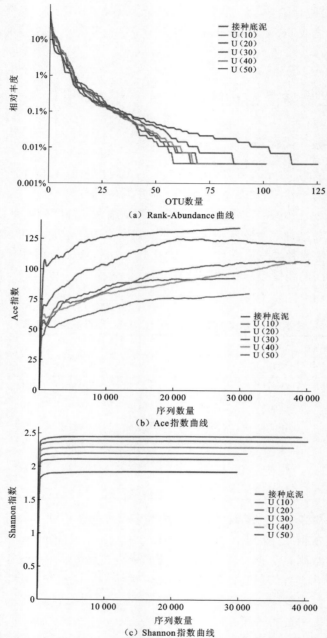

图 7.6　基于 OTU 水平下细菌相对丰度、Ace 指数和 Shannon 指数曲线

U（10）、U（20）、U（30）、U（40）和 U（50）分别表示处理 10 μmol/L、20 μmol/L、30 μmol/L、

40 μmol/L 和 50 μmol/L 的铀溶液后的底泥

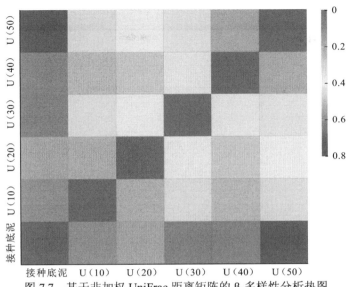

图 7.7　基于非加权 UniFrac 距离矩阵的 β-多样性分析热图

红色代表差异明显，墨绿色代表差异不大（扫封底二维码见彩图）

2. 铀对微生物群落结构的影响

菌属丰度在 1%以上的微生物群落结构如图 7.8 所示，其中各菌属丰度发生了明显变化。接种底泥中 *Klebsiella* 丰度最高，所占比例达到 57.3%，处理含铀废水后，它的相对丰度下降到 20%～37.6%，表明其受铀的影响较大。Chen 等（2012）报道了 *Klebsiella* 是新疆十红滩铀尾矿的一种优势菌。*Desulfovibrio* 是典型的铀还原菌（Zhang et al.，2017a），是接种底泥中的第二大菌，其比例也从 9.5%下降到除铀后的 1.8%～4.6%。之前有报道其在地下水中的丰度与 U(VI)浓度具有相关性（Zhang et al.，2017a）。

Acinetobacter 是接种底泥中的第三大优势菌，丰度为 5.9%。处理含铀废水后，其相对丰度明显上升，尤其在处理 30 μmol/L 含铀废水后，比例达到 44.9%，成为其中的第一大类优势菌。*Acinetobacter* 可以通过磷酸盐将铀沉淀，形成磷酸铀酰矿（Sowmya et al.，2014），其对 Ni、Zn、Cu 和 Hg 也有很好的耐受性（Islam et al.，2016）。处理含铀废水后，Enterobacteriaceae 的相对丰度从接种底泥中的 0.3%升高到 6.6%～11.0%，这说明 Enterobacteriaceae 也具有较强耐铀能力，该菌属可以产生胞外多聚物，能用来治理铀污染（Nagaraj et al.，2016）。

与接种底泥相比，处理 30 μmol/L 含铀废水后 *Clostridium* 丰度没有明显变化，但处理其他浓度含铀废水后，其丰度上升显著，占比达到 10.5%～18.1%。*Clostridium*

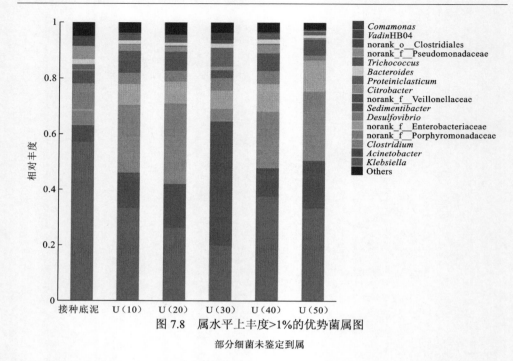

图 7.8　属水平上丰度>1%的优势菌属图

部分细菌未鉴定到属

属于 Firmicutes 门，有报道称其能够去除 89.7%的 U(VI)（Parihar et al.，2015）。Porphyromonadaceae 也有类似的变化趋势，接种底泥及处理 30 μmol/L 含铀废水后所占比例分别为 4.9%与 4.1%。但处理其他浓度含铀废水后，比例上升到 7.6%～11.7%。此前尚未有 Porphyromonadaceae 用于含铀废水处理的报道。*Sedimentibacter* 的相对丰度在 6 个样品中比较稳定，范围在 2.3%～5.2%。*Sedimentibacter* 也属于 Firmicutes 门，是铀污染沉积物种的优势菌属，具有 Fe(III) 还原作用（Burkhardt et al.，2011）。

尽管没有上述微生物的丰度高，其他耐铀细菌，如 *Citrobacter*、Clostridiales、*Bacteroides* 等，相对丰度也发生动态变化。*Citrobacter* 是新疆十红滩铀尾矿的优势菌属之一；Clostridiales 是膜生物反应器中能够还原 U(VI)为 U(IV)的优势菌之一（Ontiveros-Valencia et al.，2017）；德国某铀尾矿也发现了优势菌属 *Bacteroides*（Radeva et al.，2005）。因此，可以推测这三类细菌在本节除铀厌氧底泥中也是功能菌属。

此外，30 μmol/L 铀浓度组的铀去除率最高，其优势菌组成为 *Acinetobacter*（44.9%）、*Klebsiella*（20.0%）、*Proteiniclasticum*（6.7%）、Enterobacteriaceae（6.6%）、*Desulfovibrio*（4.4%）、Porphyromonadaceae（4.1%）、*Comamonas*（2.4%）、*Sedimentibacter*（2.3%）等。根据此前分析，*Acinetobacter*、*Klebsiella*、

Enterobacteriaceae、*Desulfovibrio* 和 *Sedimentibacter* 为典型的铀污染修复微生物，因此由多种耐铀菌属组成的微生物群落结构是含铀废水高效处理的基础。

3. 微生物丰度差异性分析

通过 Fisher 精确检验，对比分析接种底泥及处理 30 μmol/L 含铀废水的底泥中微生物丰度差异性，结果如图 7.9 所示。与接种底泥相比，处理 30 μmol/L 含铀废水的底泥中有 14 种细菌（除 *Bacteroides* 之外）具有非常显著性差异（$P \leqslant 0.001$）。*Clostridium* 丰度也存在明显的显著性差异（$0.001 < P \leqslant 0.01$）。作者此前研究了耐铀厌氧颗粒污泥中优势菌属丰度差异性（Zeng et al.，2019b），其中初始 pH 为 6.5 和 4.5 的样品中有 13 种菌属丰度差异十分显著（$P \leqslant 0.001$）。因此，处理含铀废水后，微生物群落结构大部分菌丰度有显著性差异。

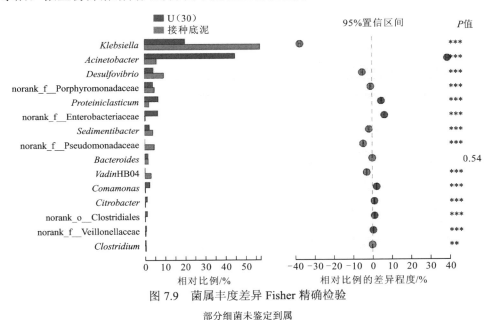

图 7.9　菌属丰度差异 Fisher 精确检验

部分细菌未鉴定到属

U（30）为处理 30 μmol/L 含铀废水的底泥；**表示 $0.001 < P \leqslant 0.01$，***表示 $P \leqslant 0.001$

4. 系统发育树分析

将相对丰度在 1% 以上的细菌构建系统发育树，结果如图 7.10 所示。根据遗传距离，这些优势菌可以分成三个组。第一组包含 6 个菌属，分别为 *Desulfovibrio*、Pseudomonadaceae、*Acinetobacter*、Enterobacteriaceae、*Klebsiella* 和 *Citrobacter*，

它们均属于 Proteobacteria 门。其中，*Desulfovibrio* 和其他 5 种细菌不在一个分支上，遗传距离较远，反映出它们的亲缘关系较远。第二组包括 *Sedimentibacter*、*Proteiniclasticum*、*Clostridium*、Veillonellaceae、*Vadin*HB04、*Trichococcus*、Ruminococcaceae 和 Clostridiales，它们都属于 Firmicutes 门。*Bacteroides* 和 Porphyromonadaceae 在一个分支上，表明它们的亲缘关系更近，都属于 Bacteroidetes 门。

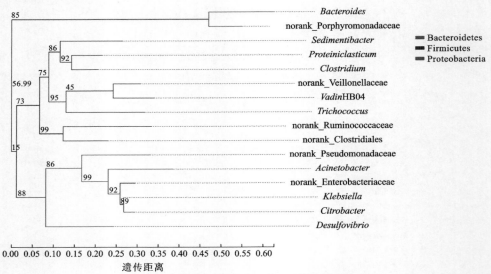

图 7.10　丰度大于 1%的菌属系统发育树

部分细菌未鉴定到属

左侧彩色分支代表不同的门，横坐标代表遗传距离（扫封底二维码见彩图）

不同底泥中三大细菌门的丰度结果如表 7.2 所示。整体上细菌门丰度顺序为变形菌门（Proteobacteria）>厚壁菌门（Firmicutes）>拟杆菌门（Bacteroidetes）。Proteobacteria 在所有样品中为第一大类门，接种底泥中丰度为 79.9%，处理含铀废水后，大部分样品中相对丰度下降，但 30 μmol/L 铀浓度中丰度还有些许上升，比例为 80.5%。Firmicutes 为第二大类门细菌，处理 10 μmol/L、20 μmol/L、40 μmol/L 和 50 μmol/L 含铀废水后，相对丰度上升显著，但处理 30 μmol/L 含铀废水后相对丰度的上升程度较小。不同于 Proteobacteria，Bacteroidetes 的丰度变化趋势相反，与接种底泥的 7%相比，Bacteroidetes 相对丰度大部分上升，而处理 30 μmol/L 含铀废水后微生物相对丰度下降到 6%。因此，推测 Proteobacteria 门处理 30 μmol/L 含铀废水中发挥主要作用，而 Firmicutes 和 Bacteroidetes 门在其他浓度含铀废水处理中发挥重要作用。

表 7.2　门水平上细菌的组成和丰度

不同铀浓度（μmol/L）的样品	细菌组成/%		
	变形菌门	厚壁菌门	拟杆菌门
接种液	79.9	12.2	7.0
U（10）	60.7	25.8	13.0
U（20）	56.8	30.5	12.2
U（30）	80.5	13.1	6.0
U（40）	66.0	22.0	11.6
U（50）	64.3	26.9	8.5

Bondici 等（2014）报道 Proteobacteria 门、Bacteroidetes 门、Actinobacteria 门和 Firmicutes 门在铀尾矿废水处理生物膜中为优势菌，其中 Proteobacteria 门占比达到 75%。Suriya 等（2017）曾报道印度高韦里河铀污染沉积物中 Proteobacteria 门、Bacteroidetes 门和 Firmicutes 门比例分别为 7.5%、22.4% 和 14.6%。之前的这些报道发现耐铀细菌种类与本节报道类似，但具体丰度不同，且短时间处理含铀废水后底泥中门水平上细菌丰度差异显著。

7.2　厌氧菌群制备生物硫铁复合材料

7.2.1　生物硫铁复合材料的制备

厌氧菌群培养基的配方：$MgSO_4$（2 g/L），柠檬酸钠（5 g/L），$CaSO_4$（1 g/L），NH_4Cl（1 g/L），K_2HPO_4（0.5 g/L），乳酸钠（3.5 g/L），酵母提取物（1 g/L），5% 硫酸亚铁铵（FAS）溶液（2 mL/L）。调节培养基 pH 为 7.5，121℃灭菌 20 min。同样条件下加入 1.5%～2.0% 琼脂粉配置固体培养基。

取 5 g 室外景观池底厌氧污泥接种至 100 mL 培养基中，密封后在 30℃、转速为 200 r/min 的恒温摇床中培养 6 d，中间每 2 d 转接 10% 到新鲜培养基中。6 d 后发现培养基完全变黑，产生很浓的臭鸡蛋味（H_2S 特征气味），说明 SRB 大量繁殖。取此培养基离心分离，去除上清液，将沉淀接种到培养基平板，30℃倒置培养。当固体培养基平板上出现黑色菌落后，将其轻轻刮取至液体培养基，30℃富集培养 8 h，检测其 OD_{600} 为 1 左右，即获得活性较高的 SRB 等厌氧微生物。

取 10 mL 菌液和 90 mL 上述复合培养基置于 100 mL 厌氧瓶中，并按 Fe^{2+} 与 SO_4^{2-} 的物质的量比为 1：1 加入 $FeCl_2$ 粉末，用橡胶塞密封后将厌氧瓶放入生化培养箱，35℃下静置培养。考察微生物接种量（1%、5%、10%、15%、20%）、初始 pH（3、4、5、6、7）、制备天数（3 d、4 d、5 d、6 d）等环境因素对生物硫铁合成量的影响，收集产生的生物硫铁复合材料，真空干燥后保存。

7.2.2　生物硫铁复合材料制备的影响因素

1. 制备天数的影响

在 35℃、微生物投加量为 10%、初始 pH 为 7.5 条件下，称量反应 2 d、3 d、4 d、5 d、6 d 后生成的生物硫铁的湿重和干重，考察制备天数的影响，结果如图 7.11 所示。在第 2 d 生物硫铁合成量很少；第 3 d 形成的生物硫铁量最多（湿重为 3.56 g，干重为 0.51 g），到第 4 d、5 d 与 6 d，合成量有所减少，这与罗丽卉等（2012a）发现的生物硫铁生成时间规律相似。在第 3 d 生物硫铁合成量最大，因此后续实验制备时间选为 3 d。

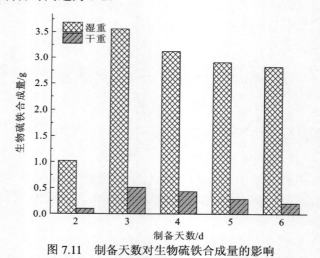

图 7.11　制备天数对生物硫铁合成量的影响

2. 菌体接种量的影响

在 35℃、初始 pH 为 7.5 条件下，厌氧微生物菌体接种量分别为 1%、5%、10%、15%、20%，反应 3 d 后称量生物硫铁重量，考察生物硫铁生成的适宜接种菌体量，结果如图 7.12 所示。菌体接种量为 1% 时，合成的生物硫铁湿重只有

0.72 g；接种量为 5%时，合成的生物硫铁湿重为 3.09 g；接种量为 10%时，合成的生物硫铁湿重最大（3.56 g）。但投加量增大到 15%、20%时，生物硫铁合成量反而减少，推测原因是培养基营养物有限，菌体过多时营养物不能满足菌体生长需要，影响生物硫铁合成。因此，后续实验选取 10%的菌体投加量。

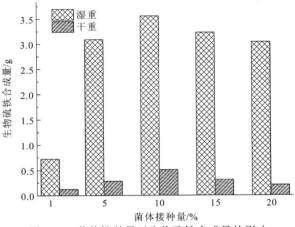

图 7.12　菌体接种量对生物硫铁合成量的影响

3. 初始 pH 的影响

在 35℃、菌体接种量为 10%的条件下，反应 3 d 后称量生物硫铁合成的重量，考察不同初始 pH（5.5、6.5、7.5、8.5、9.5）下，生物硫铁合成的情况，结果如图 7.13 所示。

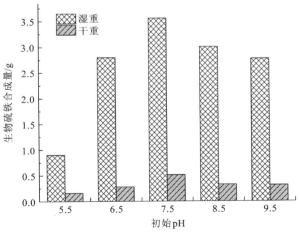

图 7.13　初始 pH 对生物硫铁合成量的影响

初始 pH 为 5.5 时，生物硫铁合成量很少，推测原因是低 pH 抑制微生物活性，影响生物硫铁的形成。此前研究发现 SRB 还原 1 g SO_4^{2-} 的同时产生碱度 1.04 g，可有效缓解 pH 的影响（Houten et al.，1994），但这在本书中不明显。初始 pH 为 6.5 时，合成的生物硫铁复合材料量较多，达 2.8 g。初始 pH 为 7.5 时，合成的生物硫铁复合材料最多（湿重为 3.56 g，干重为 0.51 g），说明初始 pH 为 7.5 是微生物合成生物硫铁的适宜 pH。当初始 pH 增大到 8.5、9.5 时，合成的生物硫铁量依然有 3 g、2.78 g，推测原因是 SO_4^{2-} 被 SRB 还原生成 H_2S，能中和培养基的碱性环境，从而减轻对微生物菌体的影响（罗丽卉 等，2012b）。

7.2.3　生物硫铁复合材料的微观形态

取富集好后的菌液，在光学显微镜下，通过光学显微镜的油镜放大 1 000 倍观察微生物形态（图 7.14），发现厌氧菌形态主要为杆状与球状。

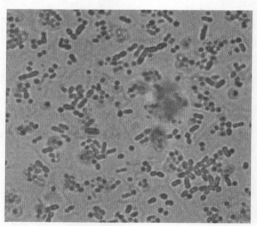

图 7.14　微生物形态结构（放大 1 000 倍）

拍照记录合成生物硫铁复合材料过程中培养液颜色变化，结果如图 7.15（a）所示。第 2 d，厌氧瓶中出现肉眼可见黑色悬浮物；到第 3 d 培养液完全变黑，此结果说明生物硫铁复合材料合成量已达到最大。通过环境扫描电子显微镜（ESEM）观察生物硫铁微观形态[图 7.15（b）]，发现其中含有较多的球形微生物。通过高分辨率透射电镜（HRTEM）观察黑色沉淀物精细结构，发现其中存在不规则的角柱体，宽约 20～150 nm，长为 200 nm～1 μm[图 7.15（c）]，推测这些是微生物还原 SO_4^{2-} 和 Fe^{3+} 形成的生物硫铁复合物。

（a）制备过程颜色变化

（b）生物硫铁微观形态

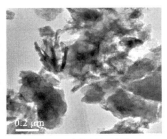
（c）沉淀物精细结构

图 7.15　生物硫铁复合材料制备过程颜色变化及微观形态

7.3　生物硫铁复合材料除铀效果

7.3.1　pH 对 U(VI)去除的影响

在 35℃、U(VI)初始浓度为 7.2 mg/L、投加 1 g 生物硫铁复合材料的条件下，将溶液初始 pH 调整为 3.5、4.5、5.5、6.5、7.5，考察初始 pH 对除 U(VI)效果的影响，结果如图 7.16 所示。

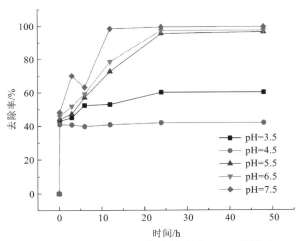

图 7.16　初始 pH 对生物硫铁去除 U(VI)的影响

不同初始 pH 下，生物硫铁复合材料对 U(VI)的去除效果变化明显。pH 为 4.5 时溶液的 U(VI)去除效果最差，U(VI)去除率仅为 40%左右。初始 pH 为 3.5 时，U(VI)去除效果比 pH 为 4.5 的效果稍好，推测此时生物硫铁可分解形成较多的 Fe^{2+}

和 S^{2-}，促进部分 U(VI)还原（谢翼飞 等，2009a）；24 h 后铀的去除率基本达到最大（60%左右）。初始 pH 为 3.5 和 4.5 的溶液的除铀效果整体不高，推测原因是溶液中存在较多的 H^+，生物硫铁复合材料表面质子化严重，存在较大的静电排斥作用，不利于铀的吸附去除（陈华柏 等，2014）。此外，酸性条件下微生物活性也会受到影响。当初始 pH 在 5.5 以上时，除 U(VI)效果明显增加。溶液初始 pH 为 7.5 时，24 h 时对 U(VI)的去除率最大，达 99.5%。故后续实验均在 pH 为 7.5 条件下进行。

不同 pH 下反应 48 h 后，通过激光粒度仪测定沉淀粒径，结果如图 7.17 所示。随着初始 pH 增加，形成的颗粒粒径增大。初始 pH 为 4.5 时，90%以上的粒径分布在 0～49.46 μm，平均粒径为 27.21 μm；初始 pH 为 5.5 时，90%以上的颗粒粒径范围为 0～60.88 μm，平均值为 33.00 μm；初始 pH 为 6.5 和 7.5 的生物硫铁复合材料的平均粒径分别为 45.53 μm 和 46.47 μm。与除 U(VI)效果进行比较（图 7.16），发现总体上除铀效果越好的初始 pH 实验组的平均粒径越大。由此推测，这可能是生物硫铁复合材料吸附/还原 U(VI)后附在材料表面，造成颗粒粒径增大。

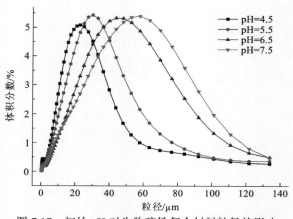

图 7.17　初始 pH 对生物硫铁复合材料粒径的影响

7.3.2　投加量对 U(VI)去除的影响

在 35℃、初始 pH 为 7.5 条件下，投加 0.1 g、0.3 g、0.5 g、0.7 g、0.9 g 生物硫铁复合材料于 100 mL 含 7.2 mg/L 的 U(VI)溶液中，考察不同投加量对 U(VI)去除效果的影响，结果如图 7.18 所示。

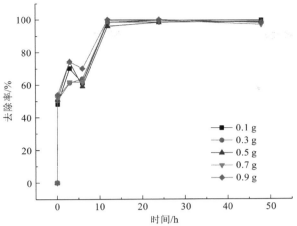

图 7.18　投加量对生物硫铁除 U(VI)效果的影响

不同投加量的复合硫铁除铀效果很接近，在前 6 h 内，生物硫铁复合材料投加量越大，除铀效率越高。推测其原因是随着投加量增加，材料表面活性位点增多，与铀酰离子结合的概率也越大（Li et al.，2014b）；另一方面，硫铁化合物形成 Fe^{2+} 和 S^{2-} 的数目越多，也有助于铀的去除。在 9 h 时，铀的去除率有所下降，可能是初期吸附的铀会部分脱附，又返回到液体中（Lee et al.，2014）。反应 12 h 后，铀的去除率并未随投加量增加而增大，都能达 99%。从经济成本考虑，在后续除 U(VI)实验中投加量选用 0.1 g。

分析不同生物硫铁投加量下除 U(VI)后生物硫铁的粒径分布（图 7.19）。当生物硫铁投加量为 0.1 g 时，90%以上的粒径分布在 0～88.18 μm，平均粒径为 46.47 μm；

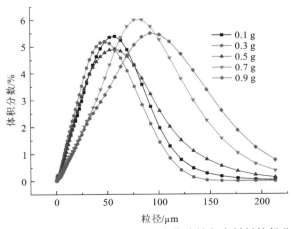

图 7.19　不同生物硫铁投加量下生物硫铁复合材料粒径分布

当投加量为 0.3 g 时，90% 以上的粒径分布在 0～79.26 μm，平均粒径为 40.64 μm。与 0.1 g 投加量相比，0.3 g 投加量下生物硫铁的粒径反而有所降低，推测粒径大小与投加量及除铀效果均有关。此后，随着投加量从 0.5 g 增大到 0.9 g，平均粒径从 51.37 μm 增大到 79.23 μm。这可能是投加的生物硫铁与铀一起形成沉淀，投加量越大，大粒径所占比例越高。

7.3.3　初始浓度对 U(VI)去除的影响

在 35℃、初始 pH 为 7.5、生物硫铁投加量为 0.1 g 条件下，考察不同 U(VI)初始浓度（2.4～12 mg/L）对 U(VI)去除效果的影响，结果如图 7.20 所示。

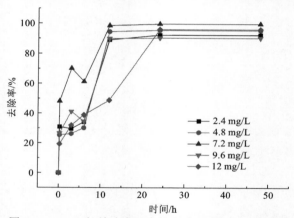

图 7.20　U(VI)初始浓度对生物硫铁去除 U(VI)的影响

U(VI)初始浓度低于 9.6 mg/L 时，生物硫铁在 12 h 内对 U(VI)去除率达到 90% 左右。而当 U(VI)初始浓度为 12 mg/L 时，生物硫铁除 U(VI)效果只有 50% 左右，可能是 U(VI)浓度较高时对微生物的毒害作用强，抑制生物硫铁复合材料中微生物活性，进而影响 U(VI)的去除效果（Hu et al.，2016）。U(VI)初始浓度为 2.4 mg/L 和 4.8 mg/L 时，去除率最高分别达到 92.1% 和 95.2%。U(VI)初始浓度为 7.2 mg/L 时，经过 12 h 后，U(VI)的去除率在所有实验组中最高（99.5%），此后一直稳定到 48 h，剩余 U(VI)浓度仅为 0.03 mg/L，满足《铀矿冶辐射防护和辐射环境保护规定》（GB 23727—2020）规定的放射性核素铀排放浓度限值（＜0.3 mg/L，且需要经过不低于 5 倍稀释）的要求，说明生物硫铁对铀具有良好的去除效果。

不同 U(VI)初始浓度下，除 U(VI)后的生物硫铁的粒径如图 7.21 所示。U(VI)初始浓度为 2.4 mg/L 时，生物硫铁的平均粒径为 18.58 μm；当 U(VI)初始浓度升高为 4.8 mg/L 时，平均粒径也只有 19.46 μm。当 U(VI)初始浓度升高到 7.2 mg/L

和 9.6 mg/L 时，生物硫铁的平均粒径分别达到 46.47 μm 和 34.75 μm，比 2.4 mg/L 和 4.8 mg/L 初始浓度下的粒径大很多。但当 U(VI)初始浓度增大到 12 mg/L 时，绝大部分生物硫铁的粒径分布在 0～37.44 μm，平均粒径只有 16.42 μm。由此推测除铀后生物硫铁的粒径分布与 U(VI)初始浓度和除铀效果均有关联。

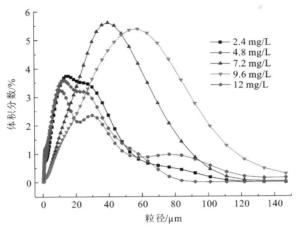

图 7.21　不同 U(VI)初始浓度下生物硫铁复合材料粒径分布情况

7.3.4　温度对 U(VI)去除的影响

在初始 pH 为 7.5、U(VI)初始浓度为 7.2 mg/L 及生物硫铁复合材料投加量为 0.1 g 的条件下，考察不同温度（15 ℃、20 ℃、25 ℃、30 ℃、35 ℃、40 ℃）下生物硫铁的除 U(VI)效果及粒径分布，结果分别如图 7.22 和图 7.23 所示。

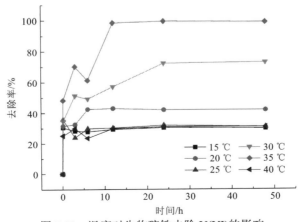

图 7.22　温度对生物硫铁去除 U(VI)的影响

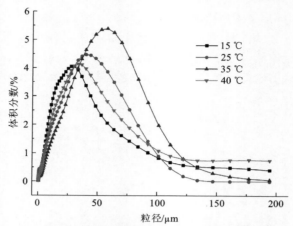

图 7.23　不同温度下生物硫铁复合材料粒径分布情况

图 7.22 显示不同温度下，U(VI)去除效果明显不同。温度为 15 ℃、20 ℃和 40 ℃的实验组，12 h 后铀的去除率达到稳定，仅有 30%左右，说明在这几种温度下，生物硫铁的除 U(VI)效果较差。温度升高到 25 ℃时，12 h 后 U(VI)去除率达到稳定，超过 40%的 U(VI)可以被去除。当温度升高到 30 ℃时，U(VI)去除率继续提高，经过 24 h 的反应，U(VI)的去除率超过 70%。推测 U(VI)去除率提高的可能原因是温度升高，生物硫铁扩散速度增大，与 U(VI)结合的机会增大（冯媛 等，2011）。此外，温度升高，微生物活性提高，这也有利于 U(VI)去除。当温度为 35 ℃时，经过 12 h 反应，U(VI)的去除率最高，达到 99.5%，说明此温度下微生物活性最高，35 ℃是生物硫铁复合材料除 U(VI)的适宜温度。

生物硫铁复合材料的粒径分布也和除铀效果相关。15 ℃和 25 ℃的实验组的生物硫铁复合材料平均粒径分别为 33.56 μm 和 33.60 μm。在适宜温度 35 ℃条件下，材料的平均粒径升高到 46.47 μm，与此温度条件下 U(VI)去除率最高保持一致。继续升高温度到 40 ℃，生物硫铁的平均粒径减小到 42.42 μm。

7.3.5　对比实验

在 35 ℃、初始 pH 为 7.5、U(VI)初始浓度为 7.2 mg/L 的条件下，对比分析活性生物硫铁复合材料、灭活生物硫铁复合材料、硫酸盐还原菌液的除 U(VI)效果，三者投加量均按干重 0.1 g 计算，结果如图 7.24 所示。

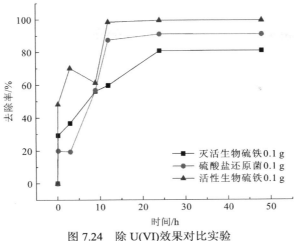

图 7.24　除 U(VI)效果对比实验

反应 3 h 后，活性生物硫铁复合材料对 U(VI)的去除率达到 70.2%，而灭活生物硫铁复合材料对 U(VI)的去除率为 36.7%，硫酸盐还原菌对 U(VI)的去除率仅为19.4%。灭活的生物硫铁对 U(VI)的去除主要靠吸附作用，微生物可形成胞外多聚物（extracellular polymeric substances，EPS），细胞壁上也有—COOH、—OH 等官能团，可对 U(VI)进行固定（王建龙 等，2010）。因此推测除了吸附作用，微生物还原作用也参与了活性生物硫铁对 U(VI)的去除，两者联合在短时间内将大部分的 U(VI)去除。硫酸盐还原菌对 U(VI)去除率只有 19.4%，说明活性生物硫铁中除了硫酸盐还原菌，还可能包含多种微生物。在 9 h 后，灭活生物硫铁对 U(VI)的去除缓慢上升，最终在 24 h 时去除率达到 80.5%。而硫酸盐还原菌适应环境后，U(VI)的去除率最终达到 91.1%。活性生物硫铁对 U(VI)的去除率最终能达到 99%，分析其原因可能是微生物及其硫铁产物协同去除 U(VI)，而细小致密的纳米硫铁包裹在微生物细胞周围，可保护微生物免受铀的毒害（谢翼飞 等，2009b）。对比实验表明活性生物硫铁具有高效除 U(VI)潜力及耐铀能力。

7.4　生物硫铁复合材料除铀机理

7.4.1　生物硫铁复合材料微观结构特征

取除铀后的生物硫铁，通过 HRTEM 观察其微观结构，结果如图 7.25 所示。除铀后，生物硫铁复合物中出现明显的黑色条纹结构，推测形成了纳米铀颗粒。

此外还出现类似细胞结构，在菌体细胞内（方框所示）与细胞壁外（箭头所示）存在明显的黑色富集物，推测这是铀进入了细胞，或沉积在细胞壁上所致（Llorens et al.，2012）。由此说明，胞外吸附与胞内富集可能是生物硫铁中微生物除铀的机理。

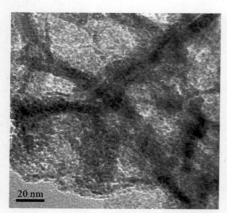

图 7.25　生物硫铁除 U(VI)后 HRTEM 结果

对 HRTEM 观察结果中的黑色部位进行 EDS 元素分析，结果如图 7.26 所示。C、N、O、P、Fe、S、U 等元素出现明显的特征峰，质量分数之和达到 99%。其中 U 的质量百分比为 9.70%，表明生物硫铁具有良好的固铀能力。

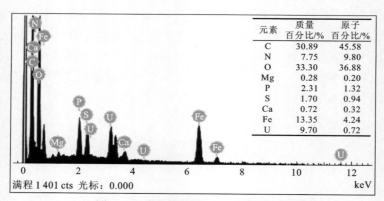

元素	质量百分比/%	原子百分比/%
C	30.89	45.58
N	7.75	9.80
O	33.30	36.88
Mg	0.28	0.20
P	2.31	1.32
S	1.70	0.94
Ca	0.72	0.32
Fe	13.35	4.24
U	9.70	0.72

图 7.26　生物硫铁除 U(VI)后 EDS 图

7.4.2　生物硫铁复合材料官能团特征

用蒸馏水清洗除 U(VI)前后的生物硫铁复合材料，以 7 000 r/min 离心 5 min 后弃除上清液，沉淀在-80 ℃下冷冻 24 h，再真空冷冻干燥 24 h。将完全干燥的生物硫铁复合材料研磨成粉末状，通过 FTIR 扫描分析，扫描波数范围为 400～4 000 cm^{-1}，获得的 FTIR 图谱结果如图 7.27 所示。

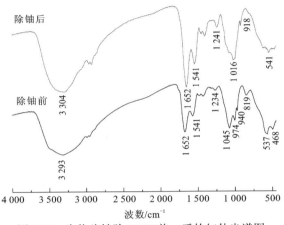

图 7.27　生物硫铁除 U(VI)前、后的红外光谱图

FTIR 图谱反映了生物硫铁复合材料与 U(VI)发生作用的官能团情况。在 3 293 cm^{-1} 位置出现的强峰代表醇和酚—OH 的伸缩振动峰。除 U(VI)后此峰位置移到 3 304 cm^{-1}，推测原因是—OH 与 U(VI)发生作用，形成了配位络合物（刘明学 等，2011）。1 652 cm^{-1} 与 1 541 cm^{-1} 位置的峰分别代表酰胺 I 带中 C=O 伸缩振动峰与酰胺 II 带中 N—H 弯曲振动。1 234 cm^{-1} 位置的峰为羧基的 C—O—C 弯曲振动和磷酸基团中 P=O 伸缩振动，除铀后此峰位置移动到 1 241 cm^{-1}，表明羧基和磷酸基可对铀发生吸附作用（Zhang et al.，2006）。在 1 045 cm^{-1} 位置的峰可能为伯醇—OH 或 P—O—C 伸缩振动峰。除铀后此峰位置移动到 1 016 cm^{-1}，说明—OH 和 P—O 参与了铀吸附或沉淀（Pan et al.，2015）。974 cm^{-1} 与 940 cm^{-1} 位置的峰代表乙烯化合物的 C=C，除铀后此两峰都消失，说明 C=C 也参与对铀的吸附去除。除铀后在 918 cm^{-1} 位置出现新的峰，之前研究也发现类似现象，此峰为 UO$_2^{2+}$ 的不对称伸缩振动峰（Choudhary et al.，2011）。通过比较除铀前后的 FTIR 图谱，发现与铀发生相互作用的官能团有羟基、羧基、磷酸基和 C=O、C—N、P—O 等（廖伟 等，2018）。

7.5　生物硫铁复合材料中微生物群落结构

通过分析微生物群落结构，有助于理解除铀功能微生物的组成，进而对铀污染进行控制。7.3.4 小节显示温度是影响生物硫铁复合材料去除铀的重要因素，但目前鲜有通过高通量测序技术解析不同温度下除铀微生物群落结构特征的报道。因此，本节通过高通量测序技术，对不同温度下生物硫铁复合材料中的微生物的群落结构进行解析，包括 OTU、共有物种与独有物种、在门与属水平上物种组成及丰度等，为理解温度对除铀微生物群落结构影响提供借鉴（曾涛涛 等，2018b）。

7.5.1　高通量测序分析

基因组 DNA 提取与 PCR 扩增参考 2.1.2 小节进行，通过 QuantiFluor™-ST 蓝色荧光定量系统对 PCR 产物进行定量检测。构建出 MiSeq 文库，基于 Illumina MiSeq PE 平台进行高通量测序。获得的原始序列经过质控后，将各样本序列按获得的最小数量（30 820）进行抽平处理，根据 97% 的相似水平（曾涛涛 等，2016a），对所有序列划分操作分类单元（OTU），在 Usearch 软件平台进行 OTU 分析。通过 R 语言工具统计各样本间共有及独有菌属，并绘制 Venn 图，比较样本间相似性及差异性（He et al.，2017）。对 OTU 的序列在 Silva 数据库进行 16S rRNA 基因序列比对，统计每个样本在门（phylum）和属（genus）水平上的群落组成，并绘制细菌属水平的群落热图。基于 Fisher 精确检验，分析 35 ℃和 15 ℃的菌属组成的差异性并绘制物种差异图。通过冗余分析（redundancy analysis，RDA）解析温度与样本及优势菌属的相关性。

7.5.2　微生物多样性分析

15 ℃、25 ℃和 35 ℃的生物硫铁细菌样品的高通量测序均获得 3 万条以上的有效序列（表 7.3），大部分序列长度在 441～460 bp，平均序列长度为 442～444 bp，符合 PCR 预期结果。随着温度升高，OTU 数量从 80 增大至 93，由于每个 OTU 可对应不同的细菌种群（Rodrigues et al.，2014），所以 35 ℃条件下生物硫铁中菌的种类较多。

表 7.3　生物硫铁中微生物的多样性指数

不同温度（/℃）样品	序列数量	平均序列长度/bp	OTU 数量	Coverage	Shannon 指数	Simpson 指数	Ace 指数	Chao 指数
15	30 820	444	80	0.999 5	2.29	0.19	89.9	87.8
25	35 618	442	87	0.999 6	2.50	0.15	101.7	99.7
35	35 500	443	93	0.999 3	2.03	0.28	107.3	106

统计每个 OTU 所含的序列数，计算其所占序列总数的比例，以此为纵坐标，以相应的 OTU 为横坐标作图，得到 Rank-Abundance 曲线，如图 7.28（a）所示。在水平方向，35℃下生物硫铁的曲线在横轴上的范围稍大，反映其物种丰度稍微高一些。而三个样品的曲线平缓趋势类似，说明物种分布均匀度相似（Cutler et al.，2015）。三个样品的 Coverage 均大于 0.999，说明样本中序列没有被测出的概率极低，很好地代表生物硫铁中微生物的真实情况（Kumar et al.，2013）。覆盖率曲线也说明这个情况，三个温度下生物硫铁样品的覆盖率曲线几乎一致，且很快地接近 1[图 7.28（b）]。Shannon 指数和 Simpson 指数可反映微生物多样性，前者与微生物多样性呈正相关，后者与微生物多样性呈负相关；Ace 指数和 Chao 指数反映微生物丰富度，两者均与丰富度呈正相关。从表 7.3 可知，25℃下生物硫铁样品的微生物多样性最高，35℃下生物硫铁样品的微生物丰富度最高。

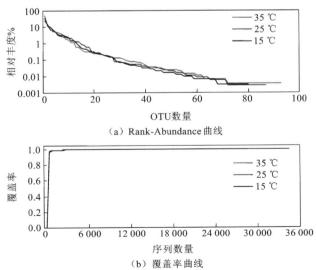

（a）Rank-Abundance 曲线

（b）覆盖率曲线

图 7.28　生物硫铁的 Rank-Abundance 曲线与覆盖率曲线

7.5.3 共有及独有物种分析

Venn 图可用于统计多个样本中所共有和独有的菌属数目，可比较直观地表现环境样本的菌属数目组成相似性及重叠情况（He et al.，2017）。对三个温度下生物硫铁中的菌属作 Venn 图，结果如图 7.29 所示。15℃与 25℃样品之间共有菌属有 49 种，25℃与 35℃样品之间共有菌属有 46 种，而 35℃与 15℃样品之间共有菌属有 44 种；15℃、25℃和 35℃样品各自独有的菌属分别有 8 种、9 种、12 种，而共有的菌属为 43 种。

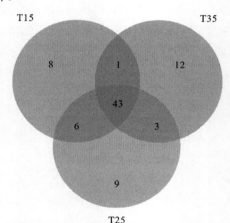

图 7.29　基于细菌属水平上的 Venn 图
T15、T25 和 T35 分别表示 15℃、25℃和 35℃下的生物硫铁样品

从以上分析可知，随着温度升高，生物硫铁样品中独有菌属数量稍有增加，而共有菌属依然较多。但这些共有菌属在各自样品中的比例从 Venn 图中并不能显示，因此需要进一步分析三个温度下生物硫铁中微生物群落的组成与丰度。

7.5.4 微生物群落结构特征

1. 微生物在门水平上的物种组成及丰度

统计微生物在门水平上丰度大于 1% 的种类及丰度，结果如表 7.4 所示。在 15℃和 25℃条件下生物硫铁样品中，优势菌组成类似，第一大类微生物均为厚壁菌门（Firmicutes），所占比例分别为 61.7% 和 63.3%；第二、三大类分别为变形菌门（Proteobacteria）与拟杆菌门（Bacteroidetes）。而在 35℃的生物硫铁样品中，变形菌门比例最高，为 68%；其次为厚壁菌门和拟杆菌门，比例分别为 28.9%和 2.2%。

表 7.4　生物硫铁在门水平上微生物的物种组成及丰度

不同温度（/℃）	物种组成/%			
样品	厚壁菌门	变形菌门	拟杆菌门	其他
15	61.7	27.2	11.0	0.1
25	63.3	28.9	7.7	0.1
35	28.9	68.0	2.2	0.9

Hu 等（2016）在研究 U(VI)还原沉积物中微生物群落结构时发现，Firmicutes 类微生物所占比例最高。Suriya 等（2017）研究了铀暴露情况下印度高韦里河底沉积物中细菌群落结构，发现优势微生物为 Proteobacteria（47.5%）、Bacteroidetes（22.4%）与 Firmicutes（14.6%）。这些研究表明，不同环境中除铀微生物在门水平上的物种组成类似，但丰度并不一致。本实验发现，随着温度从 15℃、25℃ 升高到 35℃，第一大类除铀微生物从 Firmicutes 演变为 Proteobacteria，而 Bacteroidetes 类微生物丰度逐渐降低（表 7.4）。

2. 微生物在属水平上的群落结构特征

统计各样本在属水平所占比例大于 1%的物种组成及丰度，通过可视化的热图直观分析其群落结构组成与丰度，结果如图 7.30 所示。比较三个温度生物硫铁样品微生物的群落结构，发现 Trichococcus 菌属下降最明显，随着温度升高，从 40%下降到 32%直至 0。下降幅度较大的菌属有 Clostridium、Porphyromonadaceae 和 Citrobacter；小幅度下降的菌属有 Comamonas 和 Clostridiales。

在砂岩型铀矿中铁素氧化还原相关细菌类群分析中发现了 Trichococcus（李于于，2013），其与铁的氧化还原相关，而其在本实验除铀效果好的菌群（35℃）中被淘汰。Clostridium 属于厚壁菌门，是铁还原菌中的一种，具有耐铀能力（曾涛涛 等，2016b；Zhang et al.，2014）。Porphyromonadaceae 为紫单胞菌科细菌，尚未有报道发现其存在于铀环境中。有报道称 Citrobacter 对铀的吸附能力可达 48.02 mg/g，吸附过程符合 Langmuir 和 Freundlich 等温吸附方程（Xie et al.，2008）。有报道发现 Comamonas 在酸性矿山废水的处理中有存在，其对铅和镉具有较好抗性（Zhang et al.，2007），且具有较强的还原 Cr(VI)能力（Somenahally et al.，2013）。Clostridiales 为梭菌目细菌，Ontiveros-Valencia 等（2017）在研究膜生物反应器对 U(VI)还原效果时发现 Clostridiales 为优势菌群。但在本实验中，以上细菌在除铀效果最好的 35℃生物硫铁样品中的丰度降低。

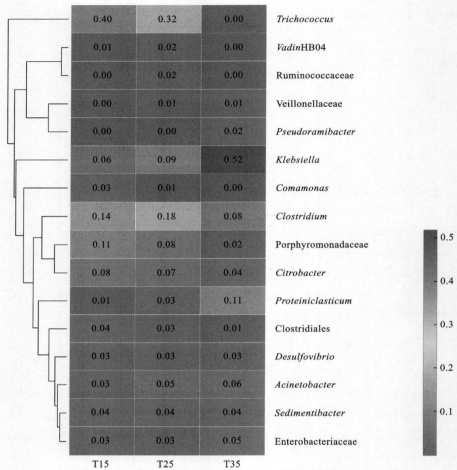

图 7.30　生物硫铁在属水平上微生物的物种组成与丰度热图

部分细菌未鉴定到属

T15、T25 和 T35 分别表示 15 ℃、25 ℃和 35 ℃下的生物硫铁样品

　　克雷伯氏菌（*Klebsiella*）比例上升幅度最大，其丰度从 15 ℃样品中的 6%，到 25 ℃样品中的 9%，直至 35 ℃样品中 52%。牦牛瘤胃菌（*Proteiniclasticum*）比例上升幅度较大，在 15 ℃、25 ℃和 35 ℃样品中从 1%增加到 3%直至 11%。*Pseudoramibacter*、*Acinetobacter* 与 Enterobacteriaceae 比例有小幅上升。*Klebsiella* 此前在铀尾矿中被发现（庞园涛，2016），经分离纯化后对铀具有较好的去除效果，在新疆十红滩铀尾矿中也属于优势菌属（Chen et al.，2012），这类微生物主要通过松散附着的胞外聚合物对 U(VI)进行固定（Li et al.，2018b）。本书发现 *Klebsiella* 在 35 ℃样品中占有绝对优势，结合铀去除效果，推测其在铀去除中发挥重要作用，是主要的功能菌属。

此前尚未在有报道发现铀环境中存在 *Pseudoramibacter* 与 *Proteiniclasticum*、*Pseudoramibacter* 具有产酸能力。而铀环境中存在 *Acinetobacter* 的报道较多（曾涛涛等，2016b），如 Sowmya 等（2014）研究发现 *Acinetobacter* 有助于磷酸盐与铀结合形成铀酰磷酸盐沉淀；Islam 等（2016）发现它具有较高的固铀能力，在 48 h 内除铀效果达到 50 mg/g 干细胞，且对 Ni、Zn、Cu 和 Hg 具有良好的抗性。*Enterobacteriaceae* 为肠杆菌科细菌，其能够产生胞外多聚物，可有效降低铀的毒性（Nagaraj et al.，2016），对其他重金属也具有良好的耐受能力（Qiao et al.，2018）。

脱硫弧菌（*Desulfovibrio*）与沉积菌（*Sedimentibacter*）在三个温度下的丰度不变。*Desulfovibrio* 是典型的硫酸盐还原菌，具有良好的 U(VI) 还原效果（Li et al.，2018c；Zhang et al.，2017a）。*Sedimentibacter* 对 Cu、Cd、Ni、Zn 具有较强的耐受能力（Burkhardt et al.，2011）。

综上所述并结合图 7.30，在 15℃和 25℃的生物硫铁样品中，第一大类菌属为 *Trichococcus*；但在 35℃样品中 *Klebsiella* 丰度最高，为 52%；其他优势微生物有 *Proteiniclasticum*（11%）、*Clostridium*（8%）、*Acinetobacter*（6%）、*Enterobacteriaceae*（5%）、*Citrobacter*（4%）、*Sedimentibacter*（4%）、*Desulfovibrio*（3%）等。这些微生物大多具有耐铀能力，因此在含铀废水处理中发挥着重要作用。

7.5.5　温度对优势菌属的影响

1. 温度影响下优势菌属丰度差异分析

对 35℃和 15℃两组生物硫铁中的微生物菌群，选取 95% 的置信区间，通过 Fisher 精确检验来分析平均丰度在 1% 以上的菌属丰度差异，结果如图 7.31 所示。*Desulfovibrio* 在两组菌群中的丰度有差异（$P \leqslant 0.05$），而其他 15 种菌属的丰度差异极其显著（$P \leqslant 0.001$）。此结果反映温度对除铀生物硫铁菌群优势菌属的丰度影响显著。

2. 温度与优势菌属相关性分析

为了解温度对三个生物硫铁样品及其优势菌属（丰度大于 1%）的影响，以温度为环境因子进行冗余分析（RDA），结果如图 7.32 所示。其中温度与 35℃样品间夹角为锐角，而与 15℃、25℃样品夹角为钝角，反映温度作为环境因子与 35℃下样品呈正相关关系，而与 15℃、25℃样品呈负相关关系。而温度对 *Klebsiella* 及 *Trichococcus* 影响程度最大，但分别为促进丰度增加（正相关）和显

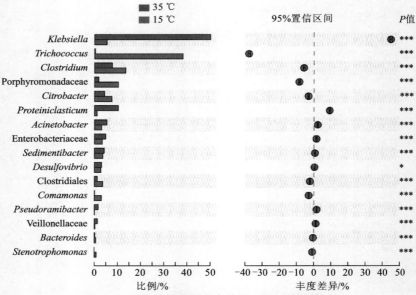

图 7.31　生物硫铁菌属丰度差异 Fisher 精确检验

部分细菌未鉴定到属

*表示 $0.01 < P \leqslant 0.05$，***表示 $P \leqslant 0.001$

著降低丰度（负相关），这也与图 7.30 反映的菌属丰度变化结果一致。另外温度与 *Proteiniclasticum*、*Acinetobacter*、Enterobacteriaceae 等菌属丰度的增加也呈正相关。

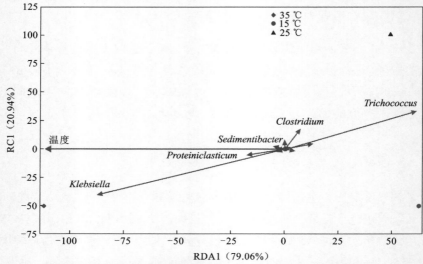

图 7.32　温度与生物硫铁样品及优势菌属属水平上的冗余分析

7.6 本 章 小 结

景观池底的厌氧底泥具有良好的除铀能力，对初始浓度为 30 μmol/L 的含铀废水处理效果达到 96.5%。其中微生物形态以短杆菌、球形细菌为主，除铀机理包括生物还原及吸附。铀浓度越高，对微生物群落多样性的影响越显著。微生物群落组成包括 *Acinetobacter*（44.9%）、*Klebsiella*（20.0%）、*Proteiniclasticum*（6.7%）、Enterobacteriaceae（6.6%）、*Desulfovibrio*（4.4%）、Porphyromonadaceae（4.1%）、*Comamonas*（2.4%）、*Sedimentibacter*（2.3%）等；其中 *Acinetobacter*、*Klebsiella*、Enterobacteriaceae、*Desulfovibrio* 和 *Sedimentibacter* 为典型的耐铀菌属。

从上述厌氧底泥中富集出以硫酸盐还原菌为优势菌属的厌氧微生物菌群，制备出的生物硫铁复合材料对 U(Ⅵ) 具有良好的去除效果。单因素实验表明，溶液初始 pH、温度、U(Ⅵ) 初始浓度是影响生物硫铁去除 U(Ⅵ) 的主要因素。生物硫铁去除 U(Ⅵ) 的适宜条件为初始 pH 为 7.5，温度为 35 ℃，生物硫铁投加量为 0.1g、U(Ⅵ) 初始浓度为 7.2 mg/L，反应 12 h 后 U(Ⅵ) 去除率最高达到 99.5%。与 U(Ⅵ) 作用的基团主要为羟基、羧基、磷酸基和 C═O、C—N、P—O 等；而铀在细胞壁和细胞质内都有沉积，说明生物硫铁中微生物除 U(Ⅵ) 机理包括胞外吸附与胞内累积。

温度对除铀厌氧菌群优势菌属的丰度影响显著。在 15 ℃ 和 25 ℃ 生物硫铁样品中，第一大类菌属为 *Trichococcus*，但在 35 ℃ 样品中 *Klebsiella*（52%）丰度最高，其他优势微生物有 *Proteiniclasticum*（11%）、*Clostridium*（8%）、*Acinetobacter*（6%）、Enterobacteriaceae（5%）、*Citrobacter*（4%）、*Sedimentibacter*（4%）、*Desulfovibrio*（3%）等。

参 考 文 献

曹新垲, 杨琦, 郝春博, 2012. 厌氧污泥降解萘动力学与生物多样性研究. 环境科学, 33(10): 3535-3541.

陈华柏, 2014. 粉末污泥处理含铀废水的特性及机理研究. 衡阳: 南华大学.

陈华柏, 谢水波, 刘金香, 等, 2014. 厌氧颗粒污泥吸附铀(VI)的特性与机理. 中国有色金属学报, 24(9): 2418-2425.

邓冰, 刘宁, 王和义, 等, 2010. 铀的毒性研究进展. 中国辐射卫生, 19(1): 113-116.

邓钦文, 王永东, 吕俊文, 等, 2014. 大肠杆菌 JM109 对废水中铀(VI)的吸附实验研究. 南华大学学报(自然科学版), 28(1): 29-33.

房琳, 2012. 砂岩型铀矿不同矿带中可培养硫酸盐还原菌类群及其分布. 西安: 西北大学.

冯媛, 易发成, 2011. 稻壳对铀吸附性能的研究. 原子能科学技术, 45(2): 161-167.

韩剑宏, 刘派, 倪文, 等, 2014. 厌氧颗粒污泥处理含铅废水的机理探讨. 硅酸盐通报, 33(7): 1798-1801.

胡大春, 2013. 十红滩砂岩型铀矿中参与硫循环相关细菌多样性初探. 西安: 西北大学.

胡凯光, 汪爱河, 丁德馨, 等, 2011. ZVI-SRB 协同处理铀(VI)废水的影响因素. 有色金属, 63(1): 88-91.

环境科学与工程系列丛书编委会, 2003. 环境物理性污染控制. 北京: 化学工业出版社.

黄荣, 聂小琴, 董发勤, 等, 2015. 枯草芽孢杆菌与水体中 U(VI)的作用机制. 化工学报, 66(2): 764-772.

黄瑶瑶, 黄涵芳, 石润平, 2018. 放射性废水处理技术研究进展. 应用化工, 47(1): 185-189.

蒋小梅, 曾涛涛, 谢水波, 等, 2018. 土著细菌菌群除铀效能分析. 生物技术, 28(3): 290-295, 306.

李红, 于苏俊, 杨阳, 等, 2013. 玉米酒精废水培养生物硫铁复合材料研究. 环境科学与技术, 36(10): 53-56.

李家宝, 芮俊鹏, 张时恒, 等, 2014. 原核微生物菌群的空间分异增强秸秆-猪粪混合发酵效率. 化工学报, 65(5): 1792-1799.

李利成, 2018. 铀尾矿地域中耐铀优势菌分离及功能蛋白作用解析. 衡阳: 南华大学.

李涛, 王鹏, 汪品先, 2008. 南海西沙海槽表层沉积物微生物多样性. 生态学报, 28(3): 1166-1173.

李于于, 2013. 砂岩型铀矿中铁素氧化还原相关细菌类群分析. 西安: 西北大学.

梁颂军, 谢水波, 李仕友, 等, 2010. 具有超强富集 U(VI)能力工程菌 E.coli 的构建. 中国生物工程杂志, 30(3): 52-55.

廖伟, 曾涛涛, 刘迎九, 等, 2018. 生物硫铁复合材料对水中U(VI)的去除性能及作用机理. 安全与环境学报, 18(1): 241-246.

刘冬雪, 圣莉媛, 杨百忍, 2014. 厌氧颗粒污泥对Cu^{2+}的吸附性能研究. 环境科学与管理, 39(4): 104-108.

刘金香, 谢水波, 马华龙, 等, 2015. 零价铁对奥奈达希瓦氏菌还原U(VI)的影响及机制. 中国有色金属学报, 25(8): 2309-2315.

刘明学, 张东, 康厚军, 等, 2011. 铀与酵母菌细胞表面相互作用研究. 高校地质学报, 17(1): 53-58.

刘顺亮, 陶峰, 宋晓红, 等, 2018. 南方某铀矿山废水对生物的急性毒性研究. 生态毒理学报, 13(4): 203-208.

刘小玲, 陈晓明, 阮晨, 等, 2015a. 去除U(VI)的微生物组合构建及培养条件的优化. 安徽农业科学, 43(13): 83-86.

刘小玲, 陈晓明, 宋收, 等, 2015b. 柠檬酸杆菌对U(VI)的去除效应及机理研究. 核农学报, 29(9): 1774-1781.

刘岳林, 谢水波, 2010. 影响硫酸盐还原菌还原U(VI)的因素探讨. 铀矿冶, 29(4): 192-195.

鲁慧珍, 2016. 厌氧颗粒污泥处理含铀(VI)废水的效能和微生物群落分析. 衡阳: 南华大学.

鲁慧珍, 谢水波, 曾涛涛, 等, 2016. 厌氧颗粒污泥处理含U(VI)废水的效果及生物特性. 环境科学与技术, 39(12): 144-149, 157.

罗丽卉, 谢翼飞, 李旭东, 2012a. 生物硫铁复合材料处理含铜废水及机理研究. 中国环境科学, 32(2): 249-253.

罗丽卉, 谢翼飞, 刘庆华, 等, 2012b. 生物硫铁生成菌的选育及其在重金属废水处理中的应用. 应用与环境生物学报, 18(1): 115-121.

骆枫, 冉洺东, 王力, 等, 2019. 放射性废水来源及其处理方法概述与评价. 四川环境, 38(2): 108-114.

马华龙, 2014. 硫酸盐还原颗粒污泥去除U(VI)的特性及机理实验研究. 衡阳: 南华大学.

马佳林, 聂小琴, 董发勤, 等, 2015. 三种微生物对铀的吸附行为研究. 中国环境科学, 35(3): 825-832.

潘自强, 王志波, 陈竹舟, 等, 1991. 中国核工业30年辐射环境质量评价. 中国核科技报告, S3: 45-46.

庞园涛, 2016. 十红滩铀矿床地下水与矿石中细菌类群分布特征研究. 西安: 西北大学.

庞园涛, 朱艳杰, 张晓, 等, 2016. 十红滩铀矿中可培养假单胞菌多样性. 基因组学与应用生物学, 35(7): 1743-1749.

裴振洪, 李昌涛, 王加宁, 等, 2012. 柠檬酸废水IC反应器厌氧颗粒污泥真细菌结构分析. 生物技术, 22(6): 60-64.

彭芳芳, 罗学刚, 王丽超, 等, 2013. 铀尾矿周边污染土壤微生物群落结构与功能研究. 农业环境科学学报, 32(11): 2192-2198.

彭国文, 丁德馨, 胡南, 等, 2011. 化学修饰啤酒酵母菌对铀的吸附特性. 化工学报, 62(11): 3201-3206.

任柏林, 谢水波, 刘迎久, 等, 2010. 单亲灭活柠檬酸杆菌与奇球菌原生质体融合. 微生物学通报, 37(7): 975-980.

司慧, 罗学刚, 望子龙, 等, 2017. 枯草芽孢杆菌对铀的富集及机理研究. 中国农学通报, 33(8): 31-38.

谭文发, 吕俊文, 唐东山, 2015. 生物技术处理含铀废水的研究进展. 生物技术通报, 31(3): 82-87.

汤洁, 王卓行, 徐新华, 2013. 铁屑-微生物协同还原去除水体中Cr(VI)研究. 环境科学, 34(7): 2650-2657.

王国华, 杨思芹, 周耀辉, 等, 2019. 生物还原法修复铀污染地下水的研究进展. 环境科学与技术, 42(8): 47-53.

王建龙, 陈灿, 2010. 生物吸附法去除重金属离子的研究进展. 环境科学学报, 30(4): 673-701.

王建龙, 刘海洋, 2013. 放射性废水的膜处理技术研究进展. 环境科学学报, 33(10): 2639-2656.

王丽超, 罗学刚, 彭芳芳, 等, 2014. 铀尾矿污染土壤微生物活性及群落功能多样性变化. 环境科学与技术, 37(3): 25-31.

王学华, 黄俊, 宋吟玲, 等, 2014. 高效水解酸化 UASB 活性污泥的菌群结构分析. 环境科学学报, 34(11): 2779-2784.

王永华, 谢水波, 刘金香, 等, 2014. 奥奈达希瓦氏菌 MR-1 还原 U(VI) 的特性及影响因素. 中国环境科学, 34(11): 2942-2949.

王有昭, 2014. 生物电化学系统强化偶氮染料酸性黑 10B 脱色及作用机制. 哈尔滨: 哈尔滨工业大学.

魏复盛, 陈静生, 吴燕玉, 等, 1991. 中国土壤环境背景值研究. 环境科学, 12(4): 12-19, 94.

吴俊妹, 马安周, 崔萌萌, 等, 2014. 降解纤维素产甲烷的四菌复合系. 环境科学, 35(1): 327-333.

吴唯民, CARLEY J, WATSON D, 等, 2011. 地下水铀污染的原位微生物还原与固定: 在美国能源部田纳西橡树岭放射物污染现场的试验. 环境科学学报, 31(3): 449-459.

夏良树, 谭凯旋, 邓昌爱, 等, 2009. 啤酒酵母菌-活性污泥协同曝气处理含铀废水. 化学工程, 37(3): 5-8, 12.

肖方竹, 何淑雅, 彭国文, 等, 2016. 功能化磁性载体固定耐辐射奇球菌及其对铀的吸附行为与机理. 中国有色金属学报, 26(7): 1568-1575.

谢建平, 2011. 功能基因芯片(GeoChip)在两种典型环境微生物群落分析中应用的研究. 长沙: 中南大学.

谢水波, 马华龙, 唐振平, 等, 2015a. 微氧条件下硫酸盐还原菌颗粒污泥处理废水中铀(VI)的实验研究. 原子能科学技术, 49(1): 26-32.

谢水波, 陈胜, 马华龙, 等, 2015b. 硫酸盐还原菌颗粒污泥去除U(VI)的影响因素及稳定性. 中国有色金属学报, 25(6): 1713-1720.

谢水波, 张亚萍, 刘金香, 等, 2012. 腐殖质AQS存在条件下腐败希瓦氏菌还原U(VI)的特性. 中国有色金属学报, 22(11): 3285-3291.

谢翼飞, 李旭东, 李福德, 2009a. 生物硫铁复合材料处理含铬废水及铬资源化研究. 中国环境科学, 29(12): 1260-1265.

谢翼飞, 李旭东, 李福德, 2009b. 生物硫铁纳米材料特性分析及其处理高浓度含铬废水研究. 环境科学, 30(4): 1060-1065.

徐乐昌, 王红英, 刘乃忠, 等, 2012. CO_2+O_2 地浸采铀工艺的废水处理方法. 铀矿冶, 31(2): 96-99.

徐乐昌, 张国甫, 高洁, 等, 2010. 铀矿冶废水的循环利用和处理. 铀矿冶, 29(2): 78-81.

许发伦, 刘芸, 廖家莉, 等, 2013. 土壤中球孢枝孢对铀(VI)的吸附. 核化学与放射化学, 35(1): 34-39.

严政, 谢水波, 苑士超, 等, 2012. 放射性重金属污染水体的植物修复技术. 铀矿冶, 31(1): 51-56.

杨杰, 董发勤, 代群威, 等, 2015. 耐辐射奇球菌对放射性核素铀的吸附行为研究. 光谱学与光谱分析, 35(4): 1010-1014.

易敏, 蒋亚蕾, 王双飞, 等, 2017. 两种造纸废水的厌氧内循环反应器内颗粒污泥菌群及结构特性的对照分析. 造纸科学与技术, 36(3): 72-78.

曾涛涛, 李冬, 谢水波, 等, 2014. 厌氧氨氧化菌微生物特性研究进展. 应用与环境生物学报, 20(06): 1111-1116.

曾涛涛, 廖伟, 谢水波, 等, 2016a. 柠檬酸废水厌氧颗粒污泥微生物菌群结构解析. 哈尔滨工业大学学报, 48(8): 115-120.

曾涛涛, 鲁慧珍, 刘迎九, 等, 2016b. 耐铀颗粒污泥微生物群落结构解析. 中国有色金属学报, 26(1): 233-241.

曾涛涛, 李利成, 陈真, 等, 2018a. 铀尾矿土壤细菌与古菌群落结构解析及耐铀菌分离鉴定. 中国有色金属学报, 28(11): 2383-2392.

曾涛涛, 高翔, 莫官海, 等, 2018b. 不同温度影响下除铀厌氧微生物群落结构特征解析. 中国环境科学, 38(11): 4261-4268.

张彪, 张晓文, 李密, 等, 2015. 铀尾矿污染特征及综合治理技术研究进展. 中国矿业, 24(4): 58-62.

张恩华, 戴幼芬, 肖勇, 等, 2017. 还原Cr(VI)的混菌胞外聚合物和细菌群落结构分析. 中国环境科学, 37(1): 352-357.

张健, 宋晗, 邓洪, 等, 2018. 铀与微生物相互作用研究进展. 矿物岩石地球化学通报, 37(1): 55-62, 158-159.

张露, 刘峙嵘, 2017. 微生物法处理低浓度含铀废水研究. 环境工程, 35(12): 36-40, 62.

周轩宇, 马邕文, 万金泉, 等, 2014. 新型厌氧反应器处理造纸黑液酸析废水的效能及功能菌群落分析. 造纸科学与技术, 33(6): 148-151, 161.

周志成, 罗葵, 唐前君, 等, 2015. 不同施肥方式对红壤蔬菜田氨氧化细菌和氨氧化古菌群落的影响. 中国蔬菜, 1(7): 33-39.

朱捷, 何微, 陈晓明, 等, 2013. 湖南衡阳铀尾矿库中微生物分布调查及优势菌鉴定. 安全与环境学报, 13(1): 108-112.

朱文秀, 黄振兴, 任洪艳, 等, 2012. IC反应器处理啤酒废水的效能及其微生物群落动态分析. 环境科学, 33(8): 2715-2722.

AKHTAR S, YANG X Y, PIRAJNO F, 2017. Sandstone type uranium deposits in the Ordos Basin, Northwest China: A case study and an overview. Journal of Asian Earth Sciences, 146: 367-382.

APPUKUTTAN D, SEETHARAM C, PADMA N, et al., 2011. PhoN-expressing, lyophilized, recombinant *Deinococcus radiodurans* cells for uranium bioprecipitation. Journal of Biotechnology, 154(4): 285-290.

BEAZLEY M J, MARTINEZ R J, WEBB S M, et al., 2011. The effect of pH and natural microbial phosphatase activity on the speciation of uranium in subsurface soils. Geochimica Et Cosmochimica Acta, 75(19): 5648-5663.

BERA S, SALI S K, SAMPATH S, et al., 1998. Oxidation state of uranium: An XPS study of alkali and alkaline earth uranates. Journal of Nuclear Materials, 255(1): 26-33.

BEYENAL H, SANI R K, PEYTON B M, et al., 2004. Uranium immobilization by sulfate-reducing biofilms. Environmental Science & Technology, 38(7): 2067-2074.

BHATTACHARYYA A, CAMPBELL K M, KELLY S D, et al., 2017. Biogenic non-crystalline U(IV) revealed as major component in uranium ore deposits. Nature Communications, 8: 15538.

BI Y Q, HAYES K F, 2014. Nano-FeS inhibits UO_2 reoxidation under varied oxic conditions. Environmental Science & Technology, 48(1): 632-640.

BONDICI V F, KHAN N H, SWERHONE G D W, et al., 2014. Biogeochemical activity of microbial biofilms in the water column overlying uranium mine tailings. Journal of Applied Microbiology, 117(4): 1079-1094.

BOYANOV M I, FLETCHER K E, JAE K M, et al., 2011. Solution and microbial controls on the formation of reduced U(IV) species. Environmental Science & Technology, 45(19): 8336-8344.

BRZOSKA R M, BOLLMANN A, 2016. The long-term effect of uranium and pH on the community composition of an artificial consortium. FEMS Microbiology Ecology, 92(1): fiv158.

BURKHARDT E M, BISCHOFF S, AKOB D M, et al., 2011. Heavy metal tolerance of Fe(III)-reducing microbial communities in contaminated creek bank soils. Applied and Environmental Microbiology, 77(9): 3132-3136.

CHABALALA S, CHIRWA E M, 2010. Uranium(VI) reduction and removal by high performing purified anaerobic cultures from mine soil. Chemosphere, 78(1): 52-55.

CHEN Z, CHENG Y J, PAN D M, et al., 2012. Diversity of microbial community in Shihongtan Sandstone-Type uranium deposits, Xinjiang, China. Geomicrobiology Journal, 29(3): 255-263.

CHOUDHARY S, SAR P, 2011. Uranium biomineralization by a metal resistant *Pseudomonas aeruginosa* strain isolated from contaminated mine waste. Journal of Hazardous Materials, 186(1): 336-343.

CORAL T, DESCOSTES M, DE BOISSEZON H, et al., 2018. Microbial communities associated with uranium in-situ recovery mining process are related to acid mine drainage assemblages. Science of the Total Environment, 628-629: 26-35.

CUTLER N A, CHAPUT D L, OLIVER A E, et al., 2015. The spatial organization and microbial community structure of an epilithic biofilm. FEMS Microbiology Ecology, 91(3): fiu027.

DENG Q W, WANG Y D, DING D X, et al., 2017. Construction of the *Syngonium podophyllum-Pseudomonas* sp. XNN8 symbiotic purification system and investigation of its capability of remediating uranium wastewater. Environmental Science and Pollution Research, 24(6): 5134-5143.

DHAL P K, SAR P, 2014. Microbial communities in uranium mine tailings and mine water sediment from Jaduguda U mine, India: A culture independent analysis. Journal of Environmental Science and Health, Part A, 49(6): 694-709.

EDBERG F, ANDERSSON A F, HOLMSTRÖM S J, 2012. Bacterial community composition in the water column of a lake formed by a former uranium open pit mine. Microbial Ecology, 64(4): 870-880.

FAKRA S C, LUEF B, CASTELLE C J, et al., 2018. Correlative cryogenic spectromicroscopy to investigate selenium bioreduction products. Environmental Science & Technology, 52(2): 503-512.

GANESH D, SENTHIL K G, NAJAM L, et al., 2020. Uranium quantification in groundwater and health risk from its ingestion in and around Tiruvannamalai, Tamil Nadu, India. Radiation Protection Dosimetry, 189(2): 137-148.

GRANDBOIS R, YEAGER C, TANI Y, et al., 2018. Biogenic manganese oxides facilitate iodide oxidation at pH$\leqslant$5. Geomicrobiology Journal, 35(3): 167-173.

GREEN S J, PRAKASH O, JASROTIA P, et al., 2012. Denitrifying bacteria from the genus *Rhodanobacter* dominate bacterial communities in the highly contaminated subsurface of a nuclear legacy waste site. Applied and Environmental Microbiology, 78(4): 1039-1047.

HACIOGLU N, TOSUNOGLU M, 2014. Determination of antimicrobial and heavy metal resistance profiles of some bacteria isolated from aquatic amphibian and reptile species. Environmental Monitoring and Assessment, 186(1): 407-413.

HAM B, CHOI B Y, CHAE G T, et al., 2017. Geochemical influence on microbial communities at CO_2-leakage analog sites. Frontiers in Microbiology, 8: 2203.

HANDLEY K M, WRIGHTON K C, PICENO Y M, et al., 2012. High-density PhyloChip profiling of stimulated aquifer microbial communities reveals a complex response to acetate amendment. FEMS Microbiology Ecology, 81(1): 188-204.

HANDLEY-SIDHU S, HRILJAC J A, CUTHBERT M O, et al., 2014. Bacterially produced calcium phosphate nano-biominerals: Sorption capacity, site preferences, and stability of captured radionuclides. Environmental Science & Technology, 48(12): 6891-6898.

HE H D, LI W C, YU R Q, et al., 2017. Illumina-based analysis of bulk and rhizosphere soil bacterial communities in paddy fields under mixed heavy metal contamination. Pedosphere, 27(3): 569-578.

HE Z L, VAN NOSTRAND J D, ZHOU J Z, 2012. Applications of functional gene microarrays for profiling microbial communities. Current Opinion in Biotechnology, 23(3): 460-466.

HE Z L, ZHANG P, WU L W, et al., 2018. Microbial functional gene diversity predicts groundwater contamination and ecosystem functioning. American Society for Microbiology, 9(1): e02435-17.

HOUTEN R T V, POL L W H, LETTINGA G, 1994. Biological sulphate reduction using gas-lift reactors fed with hydrogen and carbon dioxide as energy and carbon source. Biotechnology & Bioengineering, 44(5): 586-594.

HU L, YAN X W, LI Q, et al., 2017. Br-PADAP embedded in cellulose acetate electrospun nanofibers: Colorimetric sensor strips for visual uranyl recognition. Journal of Hazardous Materials, 329: 205-210.

HU N, DING D X, LI S M, et al., 2016. Bioreduction of U(VI) and stability of immobilized uranium under suboxic conditions. Journal of Environmental Radioactivity, 154: 60-67.

HUANG M H, QI F F, WANG J, et al., 2015. Changes of bacterial diversity and tetracycline resistance in sludge from AAO systems upon exposure to tetracycline pressure. Journal of Hazardous Materials, 298: 303-309.

HUYNH T S, VIDAUD C, HAGÈGE A, 2016. Investigation of uranium interactions with calcium phosphate-binding proteins using ICP/MS and CE-ICP/MS. Metallomics Integrated Biometal Science, 8(11): 1185-1192.

ICOPINI G A, LACK J G, HERSMAN L E, et al., 2009. Plutonium(V/VI) reduction by the metal-reducing bacteria *Geobacter metallireducens* GS-15 and *Shewanella oneidensis* MR-1. Applied and Environmental Microbiology, 75(11): 3641-3647.

ISLAM E, SAR P, 2011a. Culture-dependent and-independent molecular analysis of the bacterial community within uranium ore. Journal of Basic Microbiology, 51(4): 372-84.

ISLAM E, DHAL P K, KAZY S K, et al., 2011b. Molecular analysis of bacterial communities in uranium ores and surrounding soils from Banduhurang open cast uranium mine, India: A comparative study. Journal of Environmental Science and Health, Part A, 46(3): 271-280.

ISLAM E, SAR P, 2016. Diversity, metal resistance and uranium sequestration abilities of bacteria from uranium ore deposit in deep earth stratum. Ecotoxicology and Environmental Safety, 127: 12-21.

JALALI K, BALDWIN S A, 2000. The role of sulphate reducing bacteria in copper removal from aqueous sulphate solutions. Water Research, 34(3): 797-806.

JIA S Y, HAN H J, ZHUANG H F, et al., 2015. Impact of high external circulation ratio on the performance of anaerobic reactor treating coal gasification wastewater under thermophilic condition. Bioresource Technology, 192: 507-513.

JIANG J, NAKAYAMA J, SAKAMOTO N, et al., 2012. 454 pyrosequencing study on the basal microbiota of healthy asian youngsters//The 7th International Symposium on Lactic Acid Bacteria and Health & The 3rd Asian Symposium on Lactic Acid Bacteria Abstracts. Wuxi: Chinese Institute of Food Science and Technology: 70-71.

JIN J W, LI Y A, ZHANG J Y, et al., 2016. Influence of pyrolysis temperature on properties and environmental safety of heavy metals in biochars derived from municipal sewage sludge. Journal of Hazardous Materials, 320: 417-426.

KAZY S K, D'SOUZA S F, SAR P, 2009. Uranium and thorium sequestration by a *Pseudomonas* sp. : Mechanism and chemical characterization. Journal of Hazardous Materials, 163(1): 65-72.

KAZY S K, SAR P, SINGH S P, et al., 2002. Extracellular polysaccharides of a copper-sensitive and a copper-resistant *Pseudomonas aeruginosa* strain: Synthesis, chemical nature and copper binding. World Journal of Microbiology & Biotechnology, 18(6): 583-588.

KIM Y, JANG H, SUH Y, et al., 2011. Characterization of magnetite-organic complex nanoparticles by metal-reducing bacteria. Journal of Nanoscience & Nanotechnology, 11(8): 7242-7245.

KULKARNI S, BALLAL A, APTE S K, 2013. Bioprecipitation of uranium from alkaline waste solutions using recombinant *Deinococcus radiodurans*. Journal of Hazardous Materials, 262: 853-861.

KUMAR R, NONGKHLAW M, ACHARYA C, et al., 2013. Uranium(U)-tolerant bacterial diversity from U ore deposit of domiasiat in North-East India and its prospective utilisation in bioremediation. Microbes and Environments, 28(1): 33-41.

KUMAR S, STECHER G, TAMURA K, 2016. MEGA7: Molecular evolutionary genetics analysis version 7. 0 for bigger datasets. Molecular Biology and Evolution, 33(7): 1870-1874.

LECOMTE V, KAAKOUSH N O, MALONEY C A, et al., 2015. Changes in gut microbiota in rats fed a high fat diet correlate with obesity-associated metabolic parameters. PLoS One, 10(5): e0126931.

LEE S Y, WAN S C, KIM J G, et al., 2014. Uranium(IV) remobilization under sulfate reducing conditions. Chemical Geology, 370(4): 40-48.

LI L C, ZENG T T, XIE S B, 2018a. Uranium (VI) bioremediation by *Acinetobacter* sp. USCB2 isolated from uranium tailings area. Iop Conference Series: Earth and Environmental Science, 170(5): 052043.

LI A, ZHOU C, LIU Z L, et al., 2018b. Direct solid-state evidence of H_2-induced partial U(VI) reduction concomitant with adsorption by extracellular polymeric substances(EPS). Biotechnology and Bioengineering, 115(7): 1685-1693.

LI B, WU W M, WATSON D B, et al., 2018c. Bacterial community shift and coexisting/coexcluding patterns revealed by network analysis in a bioreduced uranium contaminated site after reoxidation. Applied and Environmental Microbiology, 84(9): e02885-17.

LI X, L DING C C, LIAO J L, et al., 2014a. Biosorption of uranium on *Bacillus* sp. dwc-2: preliminary investigation on mechanism. Journal of Environmental Radioactivity, 135: 6-12.

LI X K, ZHANG H, MA Y T, et al., 2014b. Genes required for alleviation of uranium toxicity in sulfate reducing bacterium *Desulfovibrio alaskensis* G20. Ecotoxicology, 23(6): 726-733.

LI X L, DING C C, LIAO J L, et al., 2017. Microbial reduction of uranium (VI) by *Bacillus* sp. dwc-2: A macroscopic and spectroscopic study. Journal of Environmental Sciences, 53: 9-15.

LIANG Y T, VAN NOSTRAND J D, N'GUESSAN L A, et al., 2012. Microbial functional gene diversity with a shift of subsurface redox conditions during *in situ* uranium reduction. Applied and Environmental Microbiology, 78(8): 2966-2972.

LLORENS I, UNTEREINER G, JAILLARD D, et al., 2012. Uranium interaction with two multi-resistant environmental bacteria: *Cupriavidus metallidurans* CH34 and *Rhodopseudomonas palustris*. PLoS One, 7(12): e51783.

LOPEZ-FERNANDEZ M, CHERKOUK A, VILCHEZ-VARGAS R, et al., 2015. Bacterial diversity in bentonites, engineered barrier for deep geological disposal of radioactive wastes. Microbial Ecology, 70(4): 922-935.

LOVLEY D R, PHILLIPS E J P, GORBY Y A, et al., 1991. Microbial reduction of uranium. Nature,

350: 413-416.

LU X M, LU P Z, 2014. Characterization of bacterial communities in sediments receiving various wastewater effluents with high-throughput sequencing analysis. Microbial Ecology, 67(3): 612-623.

MACASKIE L E, BONTHRONE K M, YONG P, et al., 2000. Enzymically mediated bioprecipitation of uranium by a *Citrobacter* sp.: A concerted role for exocellular lipopolysaccharide and associated phosphatase in biomineral formation. Microbiology, 146(8): 1855-1867.

MAL J, NANCHARAIAH Y V, VAN HULLEBUSCH E D, et al., 2016. Effect of heavy metal co-contaminants on selenite bioreduction by anaerobic granular sludge. Bioresource Technology, 206: 1-8.

MASOUDZADEH N, ZAKERI F, LOTFABAD T B, et al., 2011. Biosorption of cadmium by *Brevundimonas* sp. ZF12 strain, a novel biosorbent isolated from hot-spring waters in high background radiation areas. Journal of Hazardous Materials, 197: 190-198.

MAXWELL O, WAGIRAN H, ADEWOYIN O, et al., 2017. Radiological and chemical toxicity risks of uranium in groundwater based-drinking at Immigration Headquarters Gosa and Federal Housing Lugbe area of Abuja, North Central Nigeria. Journal of Radioanalytical and Nuclear Chemistry, 311(2): 1185-1191.

MCGUINNESS L R, WILKINS M J, WILLIAMS K H, et al., 2015. Identification of bacteria synthesizing ribosomal RNA in response to uranium addition during biostimulation at the Rifle, CO integrated field research site. PLoS One, 10(9): e0137270.

MISHRA A, MELO J S, SEN D, et al., 2014. Evaporation induced self assembled microstructures of silica nanoparticles and *Streptococcus lactis* cells as sorbent for uranium (VI). Journal of Colloid and Interface Science, 414: 33-40.

MONDANI L, BENZERARA K, CARRIERE M, et al., 2011. Influence of uranium on bacterial communities: A comparison of natural uranium-rich soils with controls. PLoS One, 6(10): e25771.

MOON H S, KOMLOS J, JAFFÉ P R, 2009. Biogenic U(IV) oxidation by dissolved oxygen and nitrate in sediment after prolonged U(VI)/Fe(III)/SO$_4^{2-}$ reduction. Journal of Contaminant Hydrology, 105(1-2): 18-27.

MOON H S, MCGUINNESS L, KUKKADAPU R K, et al., 2010. Microbial reduction of uranium under iron- and sulfate-reducing conditions: Effect of amended goethite on microbial community composition and dynamics. Water Research, 44(14): 4015-4028.

MUMTAZ S, STRETEN-JOYCE C, PARRY D L, et al., 2013. Fungi outcompete bacteria under increased uranium concentration in culture media. Journal of Environmental Radioactivity, 120: 39-44.

NAGARAJ K, DEVASYA R P, BHAGWATH A A, 2016. Exopolysaccharide produced by *Enterobacter* sp. YG4 reduces uranium induced nephrotoxicity. International Journal of Biological Macromolecules, 82: 557-561.

NANCHARAIAH Y V, JOSHI H M, MOHAN T V K, et al., 2006. Aerobic granular biomass: A novel biomaterial for efficient uranium removal. Current Science, 91(4): 503-509.

NEWSOME L, MORRIS K, LLOYD J R, 2014a. The biogeochemistry and bioremediation of uranium and other priority radionuclides. Chemical Geology, 363: 164-184.

NEWSOME L, MORRIS K, TRIVEDI D, et al., 2014b. Microbial reduction of uranium(VI) in sediments of different lithologies collected from Sellafield. Applied Geochemistry, 51: 55-64.

OBEID M H, OERTEL J, SOLIOZ M, et al., 2016. Mechanism of attenuation of uranyl toxicity by glutathione in *Lactococcus lactis*. Applied and Environmental Microbiology, 82(12): 3563-3571.

ONTIVEROS-VALENCIA A, ZHOU C, ILHAN Z E, et al., 2017. Total electron acceptor loading and composition affect hexavalent uranium reduction and microbial community structure in a membrane biofilm reactor. Water Research, 125: 341-349.

PAGNANELLI F, PETRANGELI PAPINI M, TRIFONI M, et al., 2000. Biosorption of metal ions on *Arthrobacter* sp.: Biomass characterization and biosorption modeling. Environmental Science & Technology, 34(13): 2773-2778.

PAN X H, CHEN Z, CHEN F B, et al., 2015. The mechanism of uranium transformation from U(VI) into nano-uramphite by two indigenous *Bacillus thuringiensis* strains. Journal of Hazardous Materials, 297: 313-319.

PARIHAR L, SINGH V, JOHAL J K, 2015. Bioremediation of uranium in contaminated water samples of Bathinda, Punjab by *Clostridium* sp. Research Journal of Pharmaceutical Biological and Chemical Sciences, 6(6): 509-513.

POPA K, CECAL A, DROCHIOIU G, et al., 2003. *Saccharomyces cerevisiae* as uranium bioaccumulating material: The influence of contact time, pH and anion nature. Nukleonika, 48(3): 121-125.

POWERS L G, MILLS H J, PALUMBO A V, et al., 2002. Introduction of a plasmid-encoded *phoA* gene for constitutive overproduction of alkaline phosphatase in three subsurface *Pseudomonas* isolates. FEMS Microbiol Ecology, 41(2): 115-123.

PRAKASH O, GREEN S J, SINGH P, et al., 2020. Stress-related ecophysiology of members of the genus Rhodanobacter isolated from a mixed waste contaminated subsurface. Frontiers of Environmental Science & Engineering, 15(2): 23.

QIAO J T, LI X M, HU M, et al., 2018. Transcriptional activity of arsenic-reducing bacteria and genes regulated by lactate and biochar during arsenic transformation in flooded paddy soil.

Environmental Science & Technology, 52(1): 61-70.

RADEVA G, KENAROVA A, BACHVAROVA V, et al., 2013. Bacterial diversity at abandoned uranium mining and milling sites in Bulgaria as revealed by 16S rRNA genetic diversity study. Water Air and Soil Pollution, 224(11): 1748.

RADEVA G, SELENSKA-POBELL S, 2005. Bacterial diversity in water samples from uranium wastes as demonstrated by 16S rDNA and ribosomal intergenic spacer amplification retrievals. Canadian Journal of Microbiology, 51(11): 910-923.

RASTOGI G, OSMAN S, VAISHAMPAYAN P A, et al., 2010. Microbial diversity in uranium mining-impacted soils as revealed by high-density 16S microarray and clone library. Microbbial Ecology, 59(1): 94-108.

RAY A E, BARGAR J R, SIVASWAMY V, et al., 2011. Evidence for multiple modes of uranium immobilization by an anaerobic bacterium. Geochimica Et Cosmochimica Acta, 75(10): 2684-2695.

RENNINGER N, KNOPP R, NITSCHE H, et al., 2004. Uranyl precipitation by *Pseudomonas aeruginosa* via controlled polyphosphate metabolism. Applied and Environmental Microbiology, 70(12): 7404-7412.

RODRIGUES V D, TORRES T T, OTTOBONI L M M, 2014. Bacterial diversity assessment in soil of an active Brazilian copper mine using high-throughput sequencing of 16S rDNA amplicons. Antonie Van Leeuwenhoek International Journal of General and Molecular Microbiology, 106(5): 879-890.

RUSSELL J, WHELDON T E, STANTON P, 1995. A radioresistant variant derived from a human neuroblastoma cell line is less prone to radiation-induced apoptosis. Cancer Research, 55(21): 4915-4921.

SAHINKAYA E, YURTSEVER A, TOKER Y, et al., 2015. Biotreatment of As-containing simulated acid mine drainage using laboratory scale sulfate reducing upflow anaerobic sludge blanket reactor. Minerals Engineering, 75: 133-139.

SALOME K R, GREEN S J, BEAZLEY M J, et al., 2013. The role of anaerobic respiration in the immobilization of uranium through biomineralization of phosphate minerals. Geochimica Et Cosmochimica Acta, 106: 344-363.

SANCHEZ-CASTRO I, AMADOR-GARCIA A, MORENO-ROMERO C, et al., 2017. Screening of bacterial strains isolated from uranium mill tailings porewaters for bioremediation purposes. Journal of Environmental Radioactivity, 166(Pt 1): 130-141.

SHAN L L, ZHANG Z H, YU Y L, et al., 2017. Performance of CSTR-EGSB-SBR system for treating sulfate-rich cellulosic ethanol wastewater and microbial community analysis.

Environmental Science and Pollution Research, 24(16): 14387-14395.

SHELOBOLINA E S, KONISHI H, XU H, et al., 2009. U(VI) sequestration in hydroxyapatite produced by microbial glycerol 3-phosphate metabolism. Applied Environmental Microbiology, 75(18): 5773-5778.

SOMENAHALLY A C, MOSHER J J, YUAN T, et al., 2013. Hexavalent chromium reduction under fermentative conditions with lactate stimulated native microbial communities. PLoS One, 8(12): e83909.

SOWMYA S, REKHA P D, ARUN A B, 2014. Uranium(VI) bioprecipitation mediated by a phosphate solubilizing *Acinetobacter* sp. YU-SS-SB-29 isolated from a high natural background radiation site. International Biodeterioration & Biodegradation, 94: 134-140.

STYLO M, ALESSI D S, SHAO P P, et al., 2013. Biogeochemical controls on the product of microbial U(VI) reduction. Environmental Science & Technology, 47(21): 12351-12358.

STYLO M, NEUBERT N, ROEBBERT Y, et al., 2015. Mechanism of uranium reduction and immobilization in *Desulfovibrio vulgaris* biofilms. Environmental Science & Technology, 49(17): 10553-10561.

SUN R, ZHOU A J, JIA J N, et al., 2015. Characterization of methane production and microbial community shifts during waste activated sludge degradation in microbial electrolysis cells. Bioresource Technology, 175(1): 68-74.

SUN W M, XIAO E Z, DONG Y R, et al., 2016. Profiling microbial community in a watershed heavily contaminated by an active antimony(Sb) mine in Southwest China. Science of the Total Environment, 550: 297-308.

SURIYA J, SHEKAR M C, NATHANI N M, et al., 2017. Assessment of bacterial community composition in response to uranium levels in sediment samples of sacred Cauvery River. Applied Microbiology and Biotechnology, 101(2): 831-841.

SUZUKI Y, BANfiELD J F, 2004. Resistance to, and accumulation of, uranium by bacteria from a uranium-contaminated site. Geomicrobiology Journal, 21(2): 113-121.

TAPIA-RODRIGUEZ A, LUNA-VELASCO A, FIELD J A, et al., 2010. Anaerobic bioremediation of hexavalent uranium in groundwater by reductive precipitation with methanogenic granular sludge. Water Research, 44(7): 2153-2162.

TAPIA-RODRIGUEZ A, LUNA-VELASCO A, FIELD J A, et al., 2012. Toxicity of uranium to microbial communities in anaerobic biofilms. Water Air and Soil Pollution, 223(7): 3859-3868.

TYUPA D V, KALENOV S V, SKLADNEV D A, et al., 2015. Toxic influence of silver and uranium salts on activated sludge of wastewater treatment plants and synthetic activated sludge associates modeled on its pure cultures. Bioprocess and Biosystems Engineering, 38(1): 125-135.

VAN NOSTRAND J D, WU L Y, WU W M, et al., 2011. Dynamics of microbial community composition and function during in situ bioremediation of a uranium-contaminated aquifer. Applied Environmental Microbiology, 77(11): 3860-3869.

VEERAMANI H, SCHEINOST A C, MONSEGUE N, et al., 2013. Abiotic reductive immobilization of U(VI) by biogenic mackinawite. Environmental Science & Technology, 47(5): 2361-2369.

WANG Q, ZHU C, HUANG X X, et al., 2019. Abiotic reduction of uranium(VI) with humic acid at mineral surfaces: Competing mechanisms, ligand and substituent effects, and electronic structure and vibrational properties. Environmental Pollution, 254(Part B): 113110.

WANG X L, PENG G W, YANG Y, et al., 2012. Uranium adsorption by dry and wet immobilized *Saccharomyces cerevisiae*. Journal of Radioanalytical & Nuclear Chemistry, 291(3): 825-830.

WANG Y Y, CAO P H, WANG L, et al., 2017. Bacterial community diversity associated with different levels of dietary nutrition in the rumen of sheep. Applied Microbiology and Biotechnology, 101(9): 3717-3728.

WHITE O, EISEN J A, HEIDELBERG J F, et al., 1999. Genome sequence of the radioresistant bacterium *Deinococcus radiodurans* R1. Science, 286(5444): 1571-1577.

WILLIAMS K H, BARGAR J R, LLOYD J R, et al., 2013. Bioremediation of uranium-contaminated groundwater: A systems approach to subsurface biogeochemistry. Current Opinion in Biotechnology, 24(3): 489-497.

WU W M, CARLEY J, GREEN S J, et al., 2010. Effects of nitrate on the stability of uranium in a bioreduced region of the subsurface. Environmental Science & Technology, 44(13): 5104-5111.

WU Y, LI J X, WANG Y X, et al., 2018. Variations of uranium concentrations in a multi-aquifer system under the impact of surface water-groundwater interaction. Journal of Contaminant Hydrology, 211: 65-76.

XIE S B, YANG J, CHEN C, et al., 2008. Study on biosorption kinetics and thermodynamics of uranium by *Citrobacter freudii*. Journal of Environmental Radioactivity, 99(1): 126-133.

XIE Y F, LI X D, LI F D, 2013. Study on application of biological iron sulfide composites in treating vanadium-extraction wastewater containing chromium (VI) and chromium reclamation. Journal of Environmental Biology, 34(2): 301-305.

XU M Y, WU W M, WU L Y, et al., 2010. Responses of microbial community functional structures to pilot-scale uranium in situ bioremediation. The International Society for Microbial Ecology Journal, 4(8): 1060-1070.

YAMADA T, SEKIGUCHI Y, 2009. Cultivation of uncultured *Chloroflexi* Subphyla: Sgnificance and ecophysiology of formerly uncultured Chloroflexi 'Subphylum I' with natural and biotechnological relevance. Microbes and Environments, 24(3): 205-216.

YAN X, LUO X G, ZHAO M, 2016a. Metagenomic analysis of microbial community in uranium-contaminated soil. Applied Microbiology and Biotechnology, 100(1): 299-310.

YAN X, LUO X G, 2015. Radionuclides distribution, properties, and microbial diversity of soils in uranium mill tailings from southeastern China. Journal of Environmental Radioactivity, 139: 85-90.

YAN X, ZHANG Y, LUO X, et al., 2016b. Effects of uranium on soil microbial biomass carbon, enzymes, plant biomass and microbial diversity in yellow soils. Radioprotection, 51(3): 207-212.

YANG Y, LI Y, SUN Q Y, 2014. Archaeal and bacterial communities in acid mine drainage from metal-rich abandoned tailing ponds, Tongling, China. Transactions of Nonferrous Metals Society of China, 24(10): 3332-3342.

ZENG T T, ZHANG S Q, LIAO W, et al., 2019a. Bacterial community analysis of sulfate-reducing granular sludge exposed to high concentrations of uranium. Journal of Water Supply Research and Technology-Aqua, 68(8): 645-654.

ZENG T T, LI L C, MO G H, et al., 2019b. Analysis of uranium removal capacity of anaerobic granular sludge bacterial communities under different initial pH conditions. Environmental Science and Pollution Research, 26(6): 5613-5622.

ZENG T T, ZHANG S Q, GAO X, et al., 2018. Assessment of bacterial community composition of anaerobic granular sludge in response to short-term uranium exposure. Microbial Ecology, 76(3): 648-659.

ZHANG C, DODGE C J, MALHOTRA S V, et al., 2013. Bioreduction and precipitation of uranium in ionic liquid aqueous solution by *Clostridium* sp. Bioresource Technology, 136: 752-756.

ZHANG C, MALHOTRA S V, FRANCIS A J, 2014. Toxicity of ionic liquids to *Clostridium* sp. and effects on uranium biosorption. Journal of Hazardous Materials, 264: 246-253.

ZHANG D Y, WANG J L, PAN X L, 2006. Cadmium sorption by EPSs produced by anaerobic sludge under sulfate-reducing conditions. Journal of Hazardous Materials, 138(3): 589-593.

ZHANG H B, YANG M X, SHI W, et al., 2007. Bacterial diversity in mine tailings compared by cultivation and cultivation-independent methods and their resistance to lead and cadmium. Microbial Ecology, 54(4): 705-712.

ZHANG P, HE Z L, VAN NOSTRAND J D, et al., 2017a. Dynamic succession of groundwater sulfate-reducing communities during prolonged reduction of uranium in a contaminated aquifer. Environmental Science & Technology, 51(7): 3609-3620.

ZHANG H L, CHENG M X, LIU W D, et al., 2017b. Characterization of uranium in the extracellular polymeric substances of anaerobic granular sludge used to treat uranium-contaminated groundwater. RSC Advances, 7(85): 54188-54195.

ZHANG M L, WANG H X, 2016. Preparation of immobilized sulfate reducing bacteria(SRB) granules for effective bioremediation of acid mine drainage and bacterial community analysis. Minerals Engineering, 92: 63-71.

ZHANG P, WU W M, VAN NOSTRAND J D, et al., 2015. Dynamic succession of groundwater functional microbial communities in response to emulsified vegetable oil amendment during sustained *in situ* U(VI) reduction. Applied and Environmental Microbiology, 81(12): 4164-4172.

ZHANG Y Y, LV J W, DONG X J, et al., 2020. Influence on Uranium(VI) migration in soil by iron and manganese salts of humic acid: Mechanism and behavior. Environmental Pollution, 256: 113369.

ZHOU C, VANNELA R, HAYES K F, et al., 2014a. Effect of growth conditions on microbial activity and iron-sulfide production by *Desulfovibrio vulgaris*. Journal of Hazardous Materials, 272: 28-35.

ZHOU C, ONTIVEROS-VALENCIA A, DE SAINT CYR L C, et al., 2014b. Uranium removal and microbial community in a H_2-based membrane biofilm reactor. Water Research, 64: 255-264.

ZHU Y L, XU J L, CAO X W, et al., 2018. Characterization of functional microbial communities involved in diazo dyes decolorization and mineralization stages. International Biodeterioration & Biodegradation, 132: 166-177.

ZINICOVSCAIA I, SAFONOV A, TREGUBOVA V, et al., 2017. Bioaccumulation and biosorption of some selected metals by bacteria *Pseudomonas putida* from single- and multi-component systems. Desalination and Water Treatment, 74: 149-154.

编 后 记

《博士后文库》是汇集自然科学领域博士后研究人员优秀学术成果的系列丛书。《博士后文库》致力于打造专属于博士后学术创新的旗舰品牌，营造博士后百花齐放的学术氛围，提升博士后优秀成果的学术和社会影响力。

《博士后文库》出版资助工作开展以来，得到了全国博士后管委会办公室、中国博士后科学基金会、中国科学院、科学出版社等有关单位领导的大力支持，众多热心博士后事业的专家学者给予积极的建议，工作人员做了大量艰苦细致的工作。在此，我们一并表示感谢！

《博士后文库》编委会